INTRODUCTION TO MARINE HYDRODYNAMICS

선박해양 유체역학

이승준 지음

GS인터비전

머리말

대학에서 선박해양유체역학을 강의한지 수 십 년이 되었다. 그 사이 제자들로부터 강의록이 언제 책으로 나올 것이냐는 질문을 많이도 받았다. 사실은 7년 전의 강의 시간에 생긴 의문 때문에 계속 미루어 왔는데, 이제 그 의문을 거의 푼 단계에 이르렀다.

바로 선박의 동요와 관련된 고유진동수에 관한 의문이었다. 학생 때부터 별 생각 없이 다른 책에 쓰여 있는 대로 물체의 질량과 부가질량의 합을 가상질량으로 간주하여 계산하면 되지 하고 넘어갔는데, 강의 시간에 갑자기 진동수를 모르는데 부가질량을 어떤 값을 쓰지 하는 의문이 생겼던 것이다.

그 사이 이제현, 이동엽, 김기범, 송제하 군들이 대학원 과정을 거쳐 가며 이 분야에 대한 연구를 계속하여 일단 상하동요에 대해서는 어느 정도 의문이 풀렸고, 또 이제 정년퇴임도 가시권에 들어와 책을 세상에 내보내기로 하였다.

항상 그렇듯이 책을 쓰는 일은 부담스럽고 시간에 쫓기는 일이 되어 버리지만, 학사 과정에서 사용할 만한 우리 글로 된 선박해양유체역학 교재가 아직도 없다는 사실이 집필을 계속할 수 있도록 하였다.

올해는 갈릴레오의 '두 새로운 과학' 번역 작업도 끝나 책이 나왔고, 여러 모로 어깨에 스스로 짊어진 짐이 많이 가벼워지는 해이다. 대학에서 강의를 맡아 하던 과목들에 대해 이제는 마지막 정리를 하여 그래도 책의 형태로 제자들에게 남겨주고 갈 수 있다는 사실이 매우 고맙고 감사하게 여겨진다.

한 학기를 15주로 생각하고, 13개의 장으로 구성한 이 책에서 7개의 장 끝부분에 쉬어가기를 두어 관련된 학자들의 논문, 업적을 간략하게 소개하였다. 우리가 현재 배우고 생각하는 문제들은 이미 많은 사람들이 이전에 처음으로 알아내고, 발전시키고 해왔던 그 연장선 상에 있기 때문에, 옛사람들이 얻었던 것이 무엇인지를 알아야 우리 문제에 대한 진정한 이해가 가능하다는 생각은 변함이 없다.

70년대 초반의 학생 시절, 은사이신 황종흘 교수님으로부터 Kochin, Kibel, Roze의 책으로 이 과목 강의를 들을 때, 언젠가 이 과목의 교과서를 쓰게 될 것이라는 생각은 꿈에도 할 수 없었을 것이지만, 결국 가장 좋아하게 되었고 항상 이런 저런 문제를 생각하게 하는 이 과목에 대해 이제 다시 책을 마무리 짓게 되니 여러 가지 감회를 감출 길이 없다.

항상 고맙게 생각하고 존경하는 스승님께, 이제는 고인이 되셨지만, 이 책을 바쳐드리고 싶다. 모자라고 부족한 제자를 항상 격려해 주시던 선생님을 생각하며, 이제 이 책을 세상에 내어 보낸다.

2014년 7월 유성에서

이승준

차례

Chapter 1

서론

선박해양공학(또는 조선공학)을 전공하는 대부분의 학생들이 2학년 때 유체역학, 그리고 3학년 때 선박저항추진(resistance and propulsion of ships), 선박내항조종(또는 운동조종, seakeeping and maneuvering of ships)을 배우고 있다. 그러나 2학년 때 배우는 유체역학은 선박해양공학과뿐만 아니라 공과대학의 많은 학과, 즉 기계공학과, 항공공학과, 토목공학과, 화학공학과에서도 배우는 내용들을 공통적으로 가르치기 때문에, 선박해양공학과에서 특히 필요한 수면파(water surface waves)[1]와 유체 중에서 가속 운동을 하는 물체가 받는 힘에 대한 부분은 거의 다룰 수 없는 것이 현실이다. 한편 이와 같은 주제들은 선박저항추진, 선박내항조종을 배우는 데는 필수적인 요소이므로 많은 대학에서 선박해양유체역학이라는 명칭으로 이들을 독립적으로 가르치고 있다. 단 이런 경우, 선박해양유체역학과 관련하여 선박해양공학과 학생들이 사용할 수 있는 적절한 교재는 찾아보기 매우 어렵다.

이 책에서는 2학년 때 유체역학을 이미 배운 학생들이 본격적으로 선박해양공학과 관련된 과목들을 듣기 위해 필요한 기초적인 유체역학적 지식들에 대해 설명하였다. 2장에서는 먼저 유체역학의 기본 방정식들에 대해 간단히 복습하기로 하는데, 편의상 논의를 2차원에 한정시키기로 한다. 2차원 문제는 그 해를 구하는 것이 비교적 간단할 뿐만 아니라 실제 3차원 문제에 대한 좋은 길잡이가 되므로 학사 과정에서 다루는 대부분의 문제는 2차원 문제이다.

---

1) 주요한 용어는 영어를 괄호 안에 병기하기로 하며, 경우에 따라 한자도 같이 쓰기로 한다.

다음으로 배[2] 또는 해양구조물(offshore structures)이 경험하게 되는 주변 환경의 특성은 역시 수면파로 대표된다고 할 수 있는데, 3장, 4장에서는 이러한 파도를 정량적으로 기술하기 위해 필요한 가장 기본적인 수학적 모형을 다루었다. 특히 4장에서는 수심이 유한한 경우의 문제를 집중적으로 다루었다. 하천 등의 내륙 수로, 또는 항만과 근해에서 발생하는 많은 문제들에 대해서는 수심의 영향을 고려하지 않으면 주어진 문제의 특성을 정확히 이해하기 곤란하다.

일단 수면파의 수학적 모형에 대해 익숙해지면 가상적이기는 하지만 2차원 선박의 조파저항을 구하는 문제에 대해 고찰할 수 있는데, 이 문제는 5장에서 다루었고, 여기서 얻어진 결과는 차후에 보다 실제적인 선박의 조파저항을 구하는데 필요한 기초 지식이 될 것이다.

6장에서는, 선박의 저항추진, 내항조종에서 살펴 볼 많은 문제들의 해가 기본적으로는 몇 개의 무차원수(dimensionless numbers)들의 함수로 표현될 수 있으며, 또한 모형시험과 관련하여서도 동일한 무차원수들을 사용하게 되는데 이와 관련하여 필수적인 지식인 차원해석(dimensional analysis)에 대해 간략하게 설명하였다.

다음으로 7장에서는 유체 중에서 가속 운동하는 물체에 작용하는 유체력에 대해 고려하였다. 유체역학에서 이미 배운 바와 같이, d'Alembert[3]의 역설에 따르면 무한히 넓은 이상 유체, 즉 비점성 비압축성 유체 중에서 일정한 속도로 움직이는 물체는 유체로부터 아무런 힘도 받지 않는다는 것이 잘 알려져 있다. 이 역설이 성립하기 위한 조건은 위에서 기술한 바대로 세 개의 조건이 만족되어야 하는데, 첫째로 유체의 점성을 무시할 수 있으며, 둘째로 움직이는 물체의 속도가 일정해야 하며, 셋째로 유체의 영역이 무한히 넓어야 한다는 조건이다. 이 역설을 역으로 생각하면, 이 세 가지 조건 중 어느 하나라도 성립하는 않는 경우, 즉 점성의 영향을 고려해야 하거나, 물체가 가속 운동을 하거나 또는 유체 영역이 제한되어 있는 경우에는 유체가 물체에 힘을 가할 가능성이 있다는 것을 알 수 있다. 선박의 내항조종에서 다루는 문제는 사실 이 세 가지 조건이 모두 만족되지 않는 경우이므로, 각 조건을 개별적으로 다룸으로써 각 조건이 유체력에 미치는 영향과 그 특성에 대해 고찰하였다.

8장에서는 스프링-질량-감쇠기(SMD)계와 관련하여 자유 동요(free oscillation)와 강제 동요(forced oscillation)의 해의 특성에 대해 비교적 자세히 기술하였다. 차후에 고

---

2) 여기서 배(ship)는 총칭으로 쓰이며, 상업용 배는 선박, 군사용 배는 함정으로 부르기로 한다. 그러나 이 과목에서는 상업용 배인 선박을 주로 다룰 것이므로, 배와 선박은 특별히 혼동의 우려가 없는 한 혼용하기로 한다.

3) 우리나라 사람 이름은 한글로, 외국인의 이름은 영어로 쓰기로 한다.

려할 선박의 여러 가지 운동들이 스프링-질량-감쇠기 계의 운동 특성과 유사한 점이 상당히 많기 때문에 이와 같은 계의 여러 가지 물리적 특성을 미리 체계적으로 다루는 것이 바람직한 것으로 생각되었다. 물론 비슷한 논의가 동역학, 진동공학, 공학수학에서 다루어지고 있지만 여기서는 선박해양유체역학적인 측면을 강조하여 다루었다. 특히 공진 시에 시간에 따른 운동 응답에 대해서는 대부분의 공학수학 시간에 강의가 이루어지지만, 역학 관련 과목 시간에 질문하면 거의 기억하고 있지 못하므로, 8장의 끝에서는 이 문제에 대해 자세히 다루었다.

한편 수면에 파도가 없는 경우에도, 수면 상에 떠있는 물체, 즉 배 또는 해양구조물이 운동을 하게 되면 파도를 만들게 되는데, 저항의 견지에서는 이러한 파도가 조파저항의 원인이 되고, 운동의 견지에서는 조파감쇠(wave damping)의 원인이 된다. 9장에서는 조파감쇠의 기본적인 물리적 특성과 동역학에서 배우는 감쇠기(damper)의 특성에 대해 비교, 고찰하였다. 유체의 점성에 기인하는 항력은 속도의 제곱에 비례하는 것으로 통상 가정되는데, 이와 같은 항력에 기인하는 감쇠를 선형적으로 다루는 방법에 대해 이 장의 끝에서 다루었다.

조종 문제와 관련하여서는 여러 가지의 안정성(stability)에 대한 일반적인 개념을 숙지해야 하므로, 10장에서는 안정성에 대한 개념을 위치에너지와 위상 평면(phase plane)의 관점에서 고찰, 간략히 정리하였다. 이와 같은 논의는 통상 동역학, 또는 진동공학에서 다루어지지만 여기서는 주로 선박의 운동과 관련된 문제들을 집중적으로 다루었다. 그리고 복원력이 3차 비선형항을 가지는 경우의 수학적 모형으로 사용되는 Duffing 방정식의 해에 대해 간략히 기술하였다.

대부분 선박은 한 항구에서 다음 항구로 정해진 화물을 적재하고 이동해야 하며, 따라서 배가 같은 방향으로 일정한 속도로 진행할 때 배가 받는 저항을 구하는 문제는 선박의 저항추진과 관련하여 고려되는 가장 기본적인 문제로 현상적으로 가장 단순한 문제이다. 그러나 실제로 해상에서 이동하는 배는 주변의 파도에 기인하는 외력을 받아 6 자유도(degree-of-freedom)의 동요(oscillation)를 하게 되며, 동시에 선장이 배를 조종, 다시 말하면 타각을 변화시킴에 따라 발생하는 회전 모멘트 및 힘, 즉 조종에 기인하는 외력을 받는다. 여기에 프로펠러에서 발생하는 추진력 또는 추력(thrust)까지 받게 되므로 배의 운동을 역학적으로 기술하는 문제는 그야말로 매우 복잡한 문제이지만, 설계를 위해 이들 문제를 고려할 때는 전체 문제를 한꺼번에 푸는 것이 아니라 몇 개의 독립적인 보다 쉬운 문제들로 분해하여(decompose) 푸는 것이 일반적이다. 11장에서는 이와 같은 몇 개의 독립적인 문제로의 분해 및 이들 각 문제의 특성에 대해 고찰하였다. 끝으로 파도 중에서 배가 전진하면서 동요할 때, 가장 두드러진 현상 중의 하나는 배가 파도를 만나는 진동수, 즉 조우진동수(encounter frequency)가 파도 자체의 진동수와는 달라진다는 점이며, 이와 같은 진동수의 변화 때문에 파도 중에서의 동요에 가장 현격한 문제를 일으키는 경우로 생각할 수 있는 선미사파 중에서의 동요 문제를 다루었다.

선박의 6-자유도 동요는 3개의 병진동요(translational oscillation)와 3개의 회전동요(rotational oscillation)로 이루어지는데, 12장과 13장에서는 각각 병진동요의 하나인 상하동요(heave)와 회전동요의 하나인 횡동요(roll)를 2차원 주상체에 대해 고찰함으로써 차후 3차원인 실제 선박의 운동 문제에 대한 접근을 보다 쉽게 하고자 하였다. 또한 13장에서는 유체의 점성에 기인하는 항력을 받는 물체의 운동이 어떠한 물리적 특성을 가지는지에 대한 수학적 모형과 그 해에 대해 간단히 소개하였다.

Chapter 2

기본 방정식

역학에서 다루는 가장 기본적인 양들로 질량, 운동량, 에너지를 들 수 있다. 동역학[참고문헌 1] 및 유체역학[참고문헌 2]에서 이들 물리량의 보존 법칙에 대해 배운 바와 같이, 1687년 Newton의 운동 법칙이 알려진 이후에도 상당한 시간이 흐른 뒤에야 이들 양에 대한 방정식들이 유도되었으며, 이 장에서는 이들에 대해 개략적으로 알아보기로 한다.

2.1 연속 방정식

유체의 운동을 수학적으로 또는 정량적으로 기술하는데 가장 기본적인 방정식 중의 하나가 연속 방정식(equation of continuity)이다. 연속 방정식은 질량보존의 법칙(law of mass conservation)을 수식으로 표현한 것인데, 여기서는 유체는 비압축성이고 또한 유체 영역의 모든 점에서 밀도(density) ρ는 일정하다고 가정하기로 한다.

그림 2-1에 보인 바와 같은 미소요소(infinitesimal element) $\Delta x \Delta y$에 대해 질량보존 법칙을 적용하면, 단위 시간 당 이 미소요소로 들어가고 나오는 유체의 총 질량은 영이 되어야 한다. 왜냐하면 $\Delta x \Delta y$ 내부의 밀도는 항상 동일하므로, 만약 위에서 고려한 양이 영이 되지 않는다면 내부의 밀도에 변화가 있어야만 되기 때문이다.

단위 시간 당 미소요소로 들어가고 나온 유체의 질량을 구하기 위해 먼저 미소요소의 질량중심인 점 P_0의 좌표를 $(x_0,\, y_0)$라고 하자. 그러면 $x = x_0 - \dfrac{\Delta x}{2}$인 면 S_1을 통해 단위 시간 당 미소요소로 들어가는 유체의 질량, 즉 유량 Q_1은 다음과 같이 근사할 수 있다.

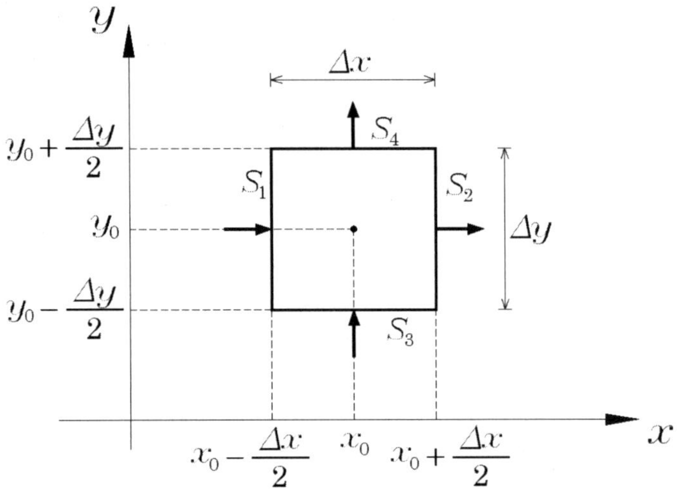

그림 2-1 질량보존 법칙을 고려하기 위한 미소요소 $\Delta x \Delta y$

$$Q_1 = \rho u(x_0 - \frac{\Delta x}{2},\, y_0)\Delta y \tag{1}$$

여기서 u는 x방향 유체의 속도인데, S_1 상에서의 x방향 유체의 속도를 S_1의 중심인 점 $(x_0 - \frac{\Delta x}{2},\, y_0)$에서의 값으로 근사하였음에 유의한다. 한편 Q_1의 차원은 $ML^{-1}T^{-1}$로, 이는 우리가 2차원 문제를 고려하는 것임에 따른 것이다.

같은 방법으로 $x = x_0 + \frac{\Delta x}{2}$인 면 S_2를 통해 단위 시간 당 미소요소로부터 나오는 유체의 질량, 즉 유량 Q_2는 다음과 같이 근사할 수 있다.

$$Q_2 = -\rho u(x_0 + \frac{\Delta x}{2},\, y_0)\Delta y \tag{2}$$

같은 방법을 사용하면, $y = y_0 - \frac{\Delta y}{2}$ 인 면 S_3 을 통해 단위 시간 당 미소요소로 들어가는 유량 Q_3 는 다음과 같이 근사할 수 있고,

$$Q_3 = \rho v(x_0, y_0 - \frac{\Delta y}{2})\Delta x \tag{3}$$

$y = y_0 + \frac{\Delta y}{2}$ 인 면 S_4 을 통해 단위 시간 당 미소요소로부터 나오는 유량 Q_4 는 다음과 같이 근사할 수 있다.

$$Q_4 = -\rho v(x_0, y_0 + \frac{\Delta y}{2})\Delta x \tag{4}$$

여기서 v 는 y 방향 유체의 속도인데, S_3, S_4 상에서의 y 방향 유체의 속도를 각각의 중심인 점에서의 값으로 근사하였음에 유의한다.

위에서 얻은 결과를 종합하여 질량보존 법칙을 정리하면 다음 식을 얻는다.

$$Q = \sum_{j=1}^{4} Q_j = 0 \tag{5}$$

식 (5)를 보다 간단한 형태로 쓰기 위해서는 유체의 속도를 나타내는 항에 대해 Taylor 전개를 사용하기로 한다. 먼저 Q_1 과 관련하여 다음을 얻는데,

$$u(x_0 - \frac{\Delta x}{2}, y_0) = u(x_0, y_0) - \frac{\partial u}{\partial x}\frac{\Delta x}{2} + R_1 \tag{6}$$

여기서 R_1 은 오차를 나타내는 항으로 $(\Delta x)^2$ 에 비례하며, 식 (6) 우변에 사용된 편미분은 미소요소의 중심인 점 P_0 에서 계산된 값이다.

같은 방법을 사용하여 식 (2), (3), (4)와 관련하여 각각 다음을 얻으며,

$$u(x_0+\frac{\Delta x}{2},\, y_0) = u(x_0,\, y_0)+\frac{\partial u}{\partial x}\frac{\Delta x}{2}+R_2 \tag{7}$$

$$v(x_{0,}\, y_0-\frac{\Delta y}{2}) = v(x_0,\, y_0)-\frac{\partial v}{\partial y}\frac{\Delta y}{2}+R_3 \tag{8}$$

$$v(x_{0,}\, y_0+\frac{\Delta y}{2}) = v(x_0,\, y_0)+\frac{\partial v}{\partial y}\frac{\Delta y}{2}+R_4 \tag{9}$$

여기서 R_2는 $(\Delta x)^2$, 그리고 R_3, R_4는 각각 $(\Delta y)^2$에 비례하며, 위 식에서 사용된 편미분은 모두 미소요소의 중심인 점 P_0에서 계산된 값임에 다시 한 번 유의한다.

식 (6), (7), (8), (9)를 식 (5)에 대입하고 정리하여 다음 결과를 얻는데,

$$-\left\{\frac{\partial u}{\partial x}+\frac{\partial v}{\partial y}\right\}\Delta x\Delta y+o(\Delta x\Delta y) = 0 \tag{10}$$

여기서 $o(\Delta x\Delta y)$는 미소요소의 면적 $\Delta x\,\Delta y\to 0$이 됨에 따라 $\Delta x\,\Delta y$보다 더 빨리 영으로 수렴하는 양이며, R_1, R_2, R_3, R_4에 기인하는 양이다. 또한 위에서 언급했던, 예를 들어 S_1 상에서의 x방향 유체의 속도를 S_1의 중심인 점 $(x_0-\frac{\Delta x}{2},\, y_0)$에서의 값으로 근사한 것에 기인하는 오차도 역시 $o(\Delta x\Delta y)$로 쓸 수 있는 양인 점을 지적해 둔다.

따라서 $\Delta x\,\Delta y\to 0$인 경우, 결국 다음 결과를 얻는다.

$$\frac{\partial u}{\partial x}+\frac{\partial v}{\partial y} = div\,\underline{u} = \nabla\cdot\underline{u} = 0 \tag{11}$$

여기서 $div\underline{u}$는 유체의 속도 벡터 $\underline{u}=(u,\ v)$의 발산(divergence)으로 알려진 양이며[참고문헌 3], 위의 유도 과정을 되돌려 생각해 보면 발산은 유체 영역 내부의 한 점에서 계산된 단위 체적 당 유체의 체적 유량에 해당함을 알 수 있고, 유체의 밀도가 변화하지 않는 경우에는 당연히 그 값이 영이 되어야 함을 알 수 있다.

식 (11)에 따르면 유체 유동장의 속도 벡터는 그 x성분과 y성분이 독립적으로 변화할 수 없고, 반드시 u의 x방향 변화율과 v의 y방향 변화율이 그 크기는 같고, 부호는 반대인 관계를 유지하며 변화해야 한다는 것을 알 수 있다.

2.2 Euler 방정식

연속 방정식이 질량보존의 법칙을 수식으로 표현한 것이라면, Euler 방정식은 유체의 운동 법칙(law of motion)을 수식으로 표현한 것으로 Euler가 1757년 발표한 논문에서 최초로 유도되었으며, Euler 방정식을 유도함에 있어서는 유체가 비점성, 비압축성이며 유체 영역의 모든 점에서 밀도는 일정하다고 가정한다.

그림 2-2에 보인 바와 같은 미소요소 $\Delta x\,\Delta y$에 대해 Newton의 운동 법칙을 적용하면, 이 미소요소 내부의 운동량의 시간에 대한 변화율은 단위 시간 당 이 미소요소로 들어가고 나오는 총 운동량과 또 이 미소요소에 작용하는 힘의 합과 같아야 한다.

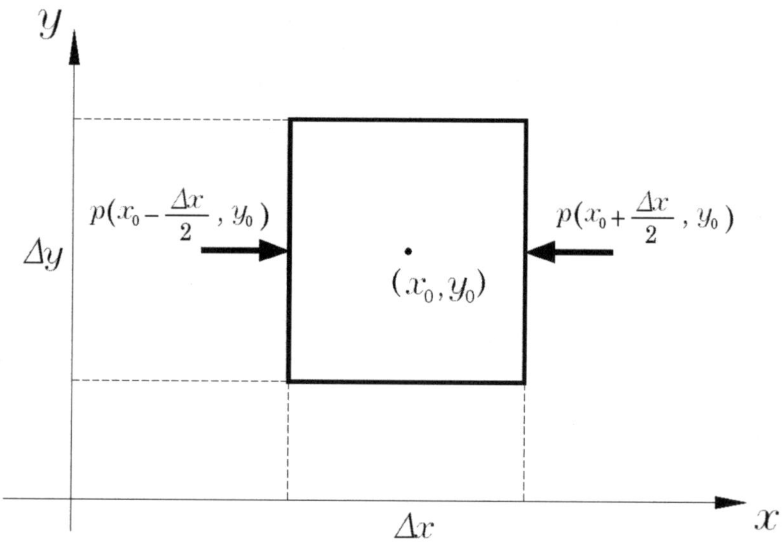

그림 2-2 운동 법칙을 고려하기 위한 미소요소 $\Delta x\,\Delta y$

왜냐하면 $\Delta x \Delta y$ 내부의 운동량의 변화는 실제로 유체의 유동에 의해 발생할 수도 있고, 또 주변의 유체가 미소요소에 작용하는 힘에 따라서도 변화할 수 있기 때문이다. 운동량은 벡터량이므로 여기서는 x방향에 대해 세밀하게 살펴보고, y방향에 대한 부분은 숙제로 남겨 두기로 한다.

위의 운동 법칙과 관련되어 계산되어야 하는 양은 미소요소 내부의 변화량, 미소요소로 들어가고 나오는 운동량, 그리고 미소요소에 작용하는 힘의 3 가지이므로, 따라서 x방향에 대한 Euler 방정식을 다음과 같이 세 단계로 나누어 유도한다.

첫 번째로 미소요소 내부의 x방향 운동량, 즉 질량 $\rho\Delta x\Delta y$과 x방향 속도 u의 곱인 $\rho u\Delta x\Delta y$의 시간에 대한 변화율 M_1은 다음과 같다.

$$M_1 = \frac{\partial}{\partial t}(\rho u\Delta x\Delta y) \tag{12}$$

여기서 밀도 ρ와 x방향 속도 u는 미소요소의 중심에서의 값이며 아래에서도 특별히 언급이 없는 한 미소요소의 중심에서의 값을 사용하는 것으로 한다.

두 번째로 단위 시간 당 이 미소요소로 들어가고 나오는 x방향 총 운동량 M_2는 앞 절의 연속 방정식을 유도할 때와 같은 방법으로 다음과 같이 얻을 수 있다.

$$M_2 = -\left\{\frac{\partial}{\partial x}(\rho u^2\Delta x\Delta y) + \frac{\partial}{\partial y}(\rho uv\Delta x\Delta y)\right\} \tag{13}$$

이 식 우변의 첫째 항은 x가 일정한 두 변을 통해 들어가고 나오는 유량, $\rho u\Delta y$의 x방향 운동량의 합이며, 둘째 항은 y가 일정한 두 변을 통해 들어가고 나오는 유량, $\rho v\Delta x$의 x방향 운동량의 합이다.

한편 비점성 유체 내부의 임의의 점에 대해 주변의 유체가 작용하는 힘은 압력 p에 기인하는 힘밖에 없으며, 중력에 기인하는 힘은 음의 y축 방향으로 작용하는 것으로 가정하면, 미소요소에 작용하는 x방향 힘 M_3은 연속 방정식을 유도할 때와 같은 방법으로 다음과 같이 얻는다.

$$M_3 = -\frac{\partial p}{\partial x}\Delta x \Delta y \tag{14}$$

미소요소에 Newton의 운동 법칙을 적용하면 다음을 얻으므로,

$$M_1 = M_2 + M_3 \tag{15}$$

여기에 식 (12), (13), (14)를 대입하고 정리하여 다음을 얻는다.

$$\frac{\partial u}{\partial t} = -\left\{\frac{\partial}{\partial x}(u^2) + \frac{\partial}{\partial y}(uv)\right\} - \frac{1}{\rho}\frac{\partial p}{\partial x} \tag{16}$$

위의 결과를 얻음에 있어 밀도가 일정하다는 가정이 사용되었음에 유의한다.

식 (16) 우변의 중괄호에 대해 연속 방정식, $\frac{\partial u}{\partial x} + \frac{\partial v}{\partial y} = 0$을 사용하여 다음을 얻을 수 있고,

$$\left\{\frac{\partial}{\partial x}(u^2) + \frac{\partial}{\partial y}(uv)\right\} = u\left\{\frac{\partial u}{\partial x} + \frac{\partial v}{\partial y}\right\} + u\frac{\partial u}{\partial x} + v\frac{\partial u}{\partial y} = u\frac{\partial u}{\partial x} + v\frac{\partial u}{\partial y} \tag{17}$$

이를 식 (16)에 대입하고 이항하여 결국 다음 결과를 얻는다.

$$\frac{\partial u}{\partial t} + u\frac{\partial u}{\partial x} + v\frac{\partial u}{\partial y} = -\frac{1}{\rho}\frac{\partial p}{\partial x} \tag{18}$$

같은 방법으로 y방향에 대한 식을 다음과 같이 얻을 수 있으며,

$$\frac{\partial v}{\partial t} + u\frac{\partial v}{\partial x} + v\frac{\partial v}{\partial y} = -\frac{1}{\rho}\frac{\partial p}{\partial y} - g \tag{19}$$

여기서 g는 중력가속도이고, 우변의 마지막 항은 단위 질량 당 작용하는 중력에 기인하는 힘을 나타낸다.

이제 속도 벡터 $\underline{u}$ 및 벡터 연산자를 사용하여 식 (18), (19)를 한꺼번에 나타내면 다음과 같다.

$$\frac{\partial \underline{u}}{\partial t} + \underline{u} \cdot \nabla \underline{u} = -\frac{1}{\rho}\nabla p - g\hat{j} \tag{20}$$

여기서 ∇은 $grad = (\frac{\partial}{\partial x}, \frac{\partial}{\partial y})$로 벡터 미분 연산자(vector differential operator)이며 $\hat{j}$는 y방향의 단위 벡터이다[참고문헌 3].

이 식은 비점성 유체에 대한 운동 법칙을 수학적으로 기술한 식이므로, 따라서 통상 비점성 유체에 대한 운동 방정식으로 부르며, 이 식을 유도한 Euler를 기념하기 위하여 Euler 방정식으로 부르기도 한다. 식 (20)의 각 항은 가속도 또는 단위 질량 당 힘을 나타냄에 유의한다.

식 (20) 좌변의 첫 번째 항은 고정된 점에서 시간에 따른 유체의 속도의 변화를 나타내는 양으로 국부 가속도(local acceleration)라고 부른다. 또 식 (20) 좌변의 두 번째 항에 나타나는 미분 연산자는 다음과 같이 쓸 수 있는 양으로,

$$\underline{u} \cdot \nabla = u\frac{\partial}{\partial x} + v\frac{\partial}{\partial y} = |\underline{u}|\frac{\partial}{\partial s} \tag{21}$$

속도 벡터 방향으로 구한 방향미분(directional derivative) $\frac{\partial}{\partial s}$에 속도 벡터의 크기 $|\underline{u}|$를 곱해준 양이다. 따라서 두 번째 항은 유체 입자의 위치에 따라 속도가 다르기 때문에 발생하는 가속도 성분, 즉 대류 가속도(convective acceleration)라고 부르는 양이다. 식 (20)의 좌변은 유체 입자의 가속도가 국부 가속도와 대류 가속도의 합으로 주어짐을 나타내고 있으며, 또 유체 내부의 서로 다른 부분들 사이에 작용하는 내력(internal force)은 식 (20) 우변의 첫째 항과 같이 압력의 변화율(gradient)에 의해 주어지고, 외력으로는 우변의 둘째 항으로 주어진 중력만이 고려되고 있음을 보여 준다.

식 (20)으로부터 유동장이 시간에 따라 변화하지 않는 정상 유동(steady flow)인 경우에 대해서는 좌변의 첫 번째 항이 영이 되므로 다음 결과를 얻으며,

$$\underline{u} \cdot \nabla \underline{u} = -\frac{1}{\rho} \nabla p - g\hat{j} \tag{22}$$

이 식의 x방향 성분은 u의 속도 방향으로의 방향미분에 $\rho|\underline{u}|$를 곱한 양은 압력의 x 방향 변화율과 크기는 같으며 부호는 반대여야 함을 나타내고 있다.

2.3 Bernoulli 방정식

Bernoulli 방정식은 앞 절에서 구한 Euler 방정식을 변위에 대해 한 번 적분하여 얻는 방정식으로, 본질적으로 에너지 보존 법칙에 속한다. 이 방정식은 정상 유동에 대해서는 미분을 포함하지 않는 대수 방정식(algebraic equation)으로 쓸 수 있으므로, 대부분 미분 방정식을 다루는 유체역학에서는 드물게 얻어지는 결과이고, 따라서 그 적용 범위도 매우 넓은 식이다. 실제로 이 식을 유도한 사람은 Euler였으나 그는 사형인 Bernoulli에게 이 식의 유도에 대한 영예를 그대로 양보하였으며, 이러한 관용은 부자간에도 우선권(priority)에 대한 싸움이 빈번하였던 역학사에서 보기 드문 예이다.

Bernoulli 방정식은 유체의 종류, 유동장의 형태에 대한 가정에 따라 여러 가지 모습을 가질 수 있는데, 여기서는 먼저 비점성, 비압축성 유체(이하에서는 이상 유체라고 부르기로 한다)의 비정상 포텐셜 유동(unsteady potential flow)에 대해 생각해 본다. 포텐셜 유동(potential flow)이라 함은 속도 벡터가 스칼라 함수의 *grad*로 주어지는 유동을 말하므로 다음과 같이 쓸 수 있는데,

$$\underline{u} = \nabla \phi \tag{23}$$

여기서 ϕ는 속도포텐셜(velocity potential)이라고 부른다.

따라서 식 (20) 좌변의 첫 번째 항은 다음과 같이 바꾸어 쓸 수 있다.

$$\frac{\partial \underline{u}}{\partial t} = \nabla \frac{\partial \phi}{\partial t} \tag{24}$$

한편 식 (20) 우변의 중력에 기인하는 항 또한 다음과 같이 바꾸어 쓸 수 있으므로,

$$g\hat{j} = \nabla(gy) \tag{25}$$

식 (24), (25)를 식 (20)에 대입하여 다음 결과를 얻는다.

$$\nabla\left(\frac{\partial \phi}{\partial t} + \frac{p}{\rho} + gy\right) + \underline{u} \cdot \nabla \underline{u} = 0 \tag{26}$$

이 결과를 보면 $\underline{u} \cdot \nabla \underline{u}$를 어떤 함수의 $grad$로 바꾸어 쓸 수 있다면 이 식을 더욱 간단한 형태로 쓸 수 있음을 알 수 있는데, 연습문제 2-3에서 얻는 바와 같이, 포텐셜 유동에 대해서는 다음 결과를 보일 수 있으므로,

$$\underline{u} \cdot \nabla \underline{u} = \nabla\left(\frac{1}{2}\underline{u} \cdot \underline{u}\right) = \nabla\left(\frac{1}{2}|\underline{u}|^2\right) \tag{27}$$

식 (27)을 식 (26)에 대입하면 다음 결과를 얻는다.

$$\nabla\left(\frac{\partial \phi}{\partial t} + \frac{1}{2}|\underline{u}|^2 + \frac{p}{\rho} + gy\right) = 0 \tag{28}$$

따라서 식 (28) 좌변의 괄호 안에 있는 양은 시간 t만의 함수이어야 하는데, 이 함수는 속도포텐셜에 항상 포함시킬 수 있으므로, 통상 식 (28)은 다음과 같은 형태로 바꾸어 쓸 수 있다.

$$\frac{\partial \phi}{\partial t} + \frac{1}{2}|\underline{u}|^2 + \frac{p}{\rho} + gy = c \tag{29}$$

여기서 우변의 c는 상수를 뜻한다.

한편 정상 유동의 경우에는 시간에 대한 변화를 무시할 수 있으므로, 식 (29)를 다음과 같이 쓸 수 있으며,

$$\frac{1}{2}|\underline{u}|^2 + \frac{p}{\rho} + gy = c \tag{30}$$

이 식은 그야말로 미분을 포함하지 않는 대수 방정식이다.

또한 유체가 움직이지 않는 경우, 즉 $\underline{u} = \underline{0}$에 대해서는 식 (30)을 잘 알려진 수정압(hydrostatic pressure)에 대한 다음 식으로 바꾸어 쓸 수 있다.

$$\frac{p}{\rho} = \frac{p_0}{\rho} - gy \tag{31}$$

여기서 p_0는 $y = 0$에서의 압력으로 통상 기준압력(gage pressure)으로 취하는 양이다.

2.4 Navier-Stokes 방정식

앞의 2장 2절에서 논의한 Euler 방정식을 유도할 때, 유체는 비점성으로 가정하였다. 1757년 Euler 방정식이 유도될 당시에는 점성에 기인하는 유체 내부의 힘, 즉 내력(internal force)을 정량적으로 어떻게 표시할 것인지에 대해 아는 사람은 아직 아무도 없었다. 1823년 Cauchy는 선형 점성 유체(linear viscous fluid) 또는 Newton 유체(Newtonian fluid)에 대해 유체 내부의 내력을 응력(stress)의 개념을 이용하여 어떻게 표현할 수 있는지에 대해 발표하였으며, Cauchy가 밝혀낸 새로운 개념을 사용하여 점성 유체에 대한 운동 법칙, 또는 운동 방정식을 일관되게 유도할 수 있게 되었다. 단 역사적으로는 이보다 먼저 Navier 그리고 조금 뒤인 1845년에 Stokes에 의해 약간은 비합리적인 방법으로 동일한 결과가 유도되어 이 방정식의 이름은 N-S(Navier-Stokes) 방정식으로 불리게 되었다.

Cauchy의 응력에 대한 일반적인 개념은 텐서(tensor)에 대한 논의를 포함하여 학사 과정에서는 다루기 곤란하므로, 여기서는 단지 그 개념의 적용 예를 보이는데 그치기로 한다.

점성을 무시하는 경우, 비점성 유체 내부의 임의의 한 점에 대해 주변의 유체가 가하는 힘은 압력에 의해 나타낼 수 있었다. 이 압력은 생각하는 점에서 모든 방향으로 동일한 크기를 가지는 응력이며, 미시적으로는 분자 규모의 운동량 교환이 통계적인 관점에서 모든 방향으로 동일하게 일어나는 상황을 수학적으로 모형화한 것이다. 점성이 있는 경우에는 유체의 부분 사이에 상대 속도가 발생하면, 미시적으로 보았을 때 분자들의 운동량 교환이 모든 방향으로 동일하게 일어나지 않을 것이며, 이러한 상황은 주변의 유체가 한 점에 작용하는 힘이 그 점의 위치뿐만 아니라 어떤 방향의 면에 대해 생각하느냐에 따라 달라질 것임을 시사하고 있다. 이와 같은 상황을 정량적으로 나타내기 위해서는 한 점에서의 응력을 고려할 때, 어떤 방향의 면에 대해 고려하느냐 하는 것까지 확정되지 않으면 그 점에서의 응력 상태에 대해 논의할 수 없음을 뜻하며, 따라서 Cauchy는 한 점을 포함하는 일정한 방향의 면에 작용하는 힘을 고려하기 위해 필요한 수학적 개념을 고려하기에 이르렀고, 여기서 응력 텐서(stress tensor)의 개념이 탄생하였다.

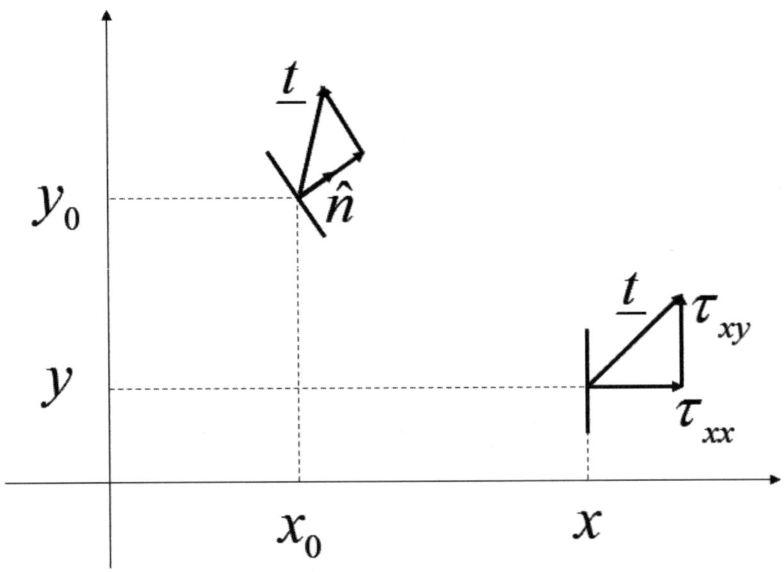

그림 2-3 응력 텐서 $\underline{\tau}$와 응력 벡터 $\underline{t}$에 대한 개념도

그는 예를 들어 그림 2-3에 보인 바와 같은 한 점에서의 응력을 나타내는 데는 다음과 같이 행렬로 표현할 수 있는 양, 즉 응력 텐서가 필요함을 발견하였다.

$$\underline{\tau} = \begin{pmatrix} \tau_{xx} & \tau_{xy} \\ \tau_{yx} & \tau_{yy} \end{pmatrix} \tag{32}$$

여기서 τ_{xx}, τ_{xy}, τ_{yx}, τ_{yy}는 압력이나 속도와 마찬가지로 생각하는 점의 위치에 따라 결정되는, 일반적으로는 공간좌표와 시간의 함수이며, $\underline{\tau}$의 성분(components)이라고 부른다.

이들은 유동장의 상황과 유체의 성질에 따라 결정되는데, 예를 들어 τ_{xy}는 생각하고 있는 점에서 x가 일정한 면에 대해 y방향으로 작용하는 단위 면적 당 힘이며, 따라서 고려하고 있는 면에 대해서는 접선(tangential) 방향으로 작용하는 접선응력 성분이 된다. 이와 같은 응력 성분은 고체역학에서는 전단응력이라고 부르며 대부분의 학생들이 보의 굽힘(bending)과 관련하여 이미 배운 바 있을 것이다. 한편 압력은 생각하는 면에 대해서는 항상 수직 방향으로 작용하므로 일반적으로는 법선(normal) 방향으로 작용하는 법선응력 성분이라고 부를 수 있다.

재미있는 것은 고체역학에서 배우는 보의 순수 굽힘 이론(pure bending theory)도 역시 Euler에 의해 알려진 것으로 Euler 보이론(Euler beam theory)이라고 부르며, Euler는 당시 이미 당연히 전단응력 등의 개념에 익숙해 있었음에도 불구하고, 이 개념을 유체 내부의 일반적인 응력 상태를 나타내는 데까지 확장 적용할 수 없었다는 점이다.

만약 한 점에서 식 (32)에 보인 바와 같은 응력 텐서가 알려져 있다면, 이제 어떤 방향의 면에 대해 작용하는 힘을 어떻게 구할 것인지에 대해 생각하자. 먼저 생각하고 있는 면에 수직인 방향으로의 단위 벡터를 $\hat{n}$이라고 하면, 고려 중인 면에 작용하는 단위 면적 당 힘, 즉 응력 벡터(traction vector) $\underline{t}$는 다음 연산에 의해 주어진다.

$$\underline{t} = \hat{n} \cdot \underline{\tau} = \begin{pmatrix} n_x & n_y \end{pmatrix} \begin{pmatrix} \tau_{xx} & \tau_{xy} \\ \tau_{yx} & \tau_{yy} \end{pmatrix} = \begin{pmatrix} n_x \tau_{xx} + n_y \tau_{yx} & n_x \tau_{xy} + n_y \tau_{yy} \end{pmatrix} \tag{33}$$

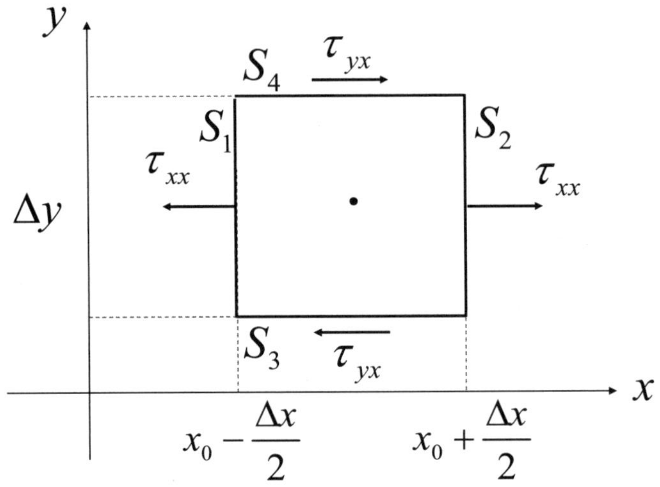

그림 2-4 점성유체에 대한 응력 성분의 고려

이 식에 따르면 주변의 유체가 어떤 점에 작용하는 힘은 어느 방향의 면에 대해 고려하던지 간에 그 점에서의 응력 텐서를 알면 구할 수 있음을 알 수 있으며, 이제 이 응력 텐서가 유동장 내부의 모든 점에서 알려져 있다고 하면 운동 법칙을 적용하여 운동 방정식을 다음과 같이 유도할 수 있다.

2장 2절에서 Euler 방정식을 유도할 때, 점성에 기인하는 응력 성분이 미소요소에 작용하는 힘만 고려하지 못하였으므로 이제 그에 대한 고려를 추가하기로 하면, 그림 2.4에 보인 바와 같이 $x = x_0 - \dfrac{\Delta x}{2}$, $x = x_0 + \dfrac{\Delta x}{2}$ 인 면 S_1, S_2에 작용하는 x 방향 힘의 합 X_1은 다음과 같이 쓸 수 있고,

$$X_1 = -(\tau_{xx} - \frac{\partial \tau_{xx}}{\partial x}\frac{\Delta x}{2})\Delta y + (\tau_{xx} + \frac{\partial \tau_{xx}}{\partial x}\frac{\Delta x}{2})\Delta y = \frac{\partial \tau_{xx}}{\partial x}\Delta x \Delta y \quad (34)$$

$y = y_0 - \dfrac{\Delta y}{2}$, $y = y_0 + \dfrac{\Delta y}{2}$ 인 면 S_3, S_4에 작용하는 x방향 힘의 합 X_2는 다음과 같이 쓸 수 있으므로,

$$X_2 = -(\tau_{yx} - \frac{\partial \tau_{yx}}{\partial y}\frac{\Delta y}{2})\Delta x + (\tau_{yx} + \frac{\partial \tau_{yx}}{\partial y}\frac{\Delta y}{2})\Delta x = \frac{\partial \tau_{yx}}{\partial y}\Delta x \Delta y \quad (35)$$

X_1과 X_2의 합을 M_4라고 하면, 식 (15) 대신 다음 식을 고려하여,

$$M_1 = M_2 + M_3 + M_4 \quad (36)$$

다음 결과를 얻는다.

$$\frac{\partial u}{\partial t} + u\frac{\partial u}{\partial x} + v\frac{\partial u}{\partial y} = -\frac{1}{\rho}\frac{\partial p}{\partial x} + \frac{1}{\rho}\left(\frac{\partial \tau_{xx}}{\partial x} + \frac{\partial \tau_{yx}}{\partial y}\right) \quad (37)$$

같은 방법으로 y방향에 대한 식을 다음과 같이 얻을 수 있으며,

$$\frac{\partial v}{\partial t} + u\frac{\partial v}{\partial x} + v\frac{\partial v}{\partial y} = -\frac{1}{\rho}\frac{\partial p}{\partial y} - g + \frac{1}{\rho}\left(\frac{\partial \tau_{xy}}{\partial x} + \frac{\partial \tau_{yy}}{\partial y}\right) \quad (38)$$

벡터와 텐서를 사용하여 식 (37), (38)을 한꺼번에 나타내면 다음과 같다.

$$\frac{\partial \underline{u}}{\partial t} + \underline{u} \cdot \nabla \underline{u} = -\frac{1}{\rho}\nabla p - g\hat{j} + \frac{1}{\rho}\nabla \cdot \underline{\tau} \quad (39)$$

여기서 $\nabla \cdot \underline{\tau}$는 다음과 같은 연산에 의해 계산되는 양이다.

$$\nabla \cdot \underline{\tau} = \begin{pmatrix} \frac{\partial}{\partial x} & \frac{\partial}{\partial y} \end{pmatrix} \begin{pmatrix} \tau_{xx} & \tau_{xy} \\ \tau_{yx} & \tau_{yy} \end{pmatrix} = \begin{pmatrix} \frac{\partial \tau_{xx}}{\partial x} + \frac{\partial \tau_{yx}}{\partial y} & \frac{\partial \tau_{xy}}{\partial x} + \frac{\partial \tau_{yy}}{\partial y} \end{pmatrix} \quad (40)$$

식 (39)는 점성 유체에 대한 운동 법칙을 수학적으로 기술한 식이며, 따라서 통상 점성 유체에 대한 운동 방정식으로 부르며, 이 식을 합리적으로 최초로 유도한 Cauchy

를 기념하기 위하여 Cauchy 운동량 방정식(Cauchy momentum equation)으로 부르기도 한다.

식 (39)에 포함되어 있는 점성에 기인하는 응력 텐서가 유동장의 속도 벡터와 어떻게 관련되는 지에 대해 아직 논의하지 않았는데, Newton 유체의 경우에는 다음과 같은 식으로 주어진다.

$$\underline{\tau} = \mu \underline{\epsilon} \tag{41}$$

여기서 $\underline{\epsilon}$ 은 다음과 같이 정의되는 또 하나의 텐서, 즉 변형률 텐서(strain rate tensor)이며,

$$\underline{\epsilon} = \begin{pmatrix} \epsilon_{xx} & \epsilon_{xy} \\ \epsilon_{yx} & \epsilon_{yy} \end{pmatrix} = \begin{pmatrix} 2\dfrac{\partial u}{\partial x} & \dfrac{\partial v}{\partial x} + \dfrac{\partial u}{\partial y} \\ \dfrac{\partial u}{\partial y} + \dfrac{\partial v}{\partial x} & 2\dfrac{\partial v}{\partial y} \end{pmatrix} \tag{42}$$

μ는 유체의 재료적 성질에 따라 결정되는 상수로, 점성계수(viscosity 또는 동점성계수, dynamic viscosity)라고 부른다.

식 (41)에 따르면 Newton 유체는 점성에 기인하는 응력이 변형률에 비례하는 유체, 다시 말하면 선형 점성 유체(linear viscous fluid)이다. 2학년 때 유체역학에서 배운 Newton 유체의 정의가 평판에 작용하는 마찰응력에 대해 다음과 같았던 것을 상기하면,

$$\tau = \mu \frac{\partial u}{\partial y}\bigg|_{y=0} \tag{43}$$

식 (41), (42)에서 다음을 얻으므로,

$$\tau_{xy} = \mu\left(\frac{\partial v}{\partial x} + \frac{\partial u}{\partial y}\right) \tag{44}$$

식 (41), (42)의 정의는 유체역학에서 배운 Newton 유체의 개념을 유체 내부로 일관되게 확장시킨 결과임을 짐작할 수 있다.

또 식 (42)에서 다음을 알 수 있으므로,

$$\epsilon_{xy} = \epsilon_{yx} \tag{45}$$

결국 응력 텐서에 대해서도 다음과 같은 결과를 얻는데,

$$\tau_{xy} = \tau_{yx} \tag{46}$$

이와 같이 텐서를 나타내는 행렬의 대칭적인 위치에 있는 성분들이 서로 같은 텐서를 대칭 텐서(symmetric tensor)라고 부르며, 응력 텐서와 변형률 텐서는 모두 대칭 텐서이다.

이제 식 (41)을 식 (40)에 대입하면 다음 결과를 얻고,

$$\nabla \cdot \underline{\tau} = \mu \nabla \cdot \underline{\epsilon} = \mu\left(\frac{\partial \epsilon_{xx}}{\partial x} + \frac{\partial \epsilon_{yx}}{\partial y},\ \frac{\partial \epsilon_{xy}}{\partial x} + \frac{\partial \epsilon_{yy}}{\partial y}\right) \tag{47}$$

여기에 식 (42)를 대입하여 연속 방정식, $\dfrac{\partial u}{\partial x} + \dfrac{\partial v}{\partial y} = 0$을 사용하여 다음 결과를 얻으며,

$$\frac{\partial \epsilon_{xx}}{\partial x} + \frac{\partial \epsilon_{yx}}{\partial y} = 2\frac{\partial^2 u}{\partial x^2} + \frac{\partial^2 u}{\partial y^2} + \frac{\partial^2 v}{\partial y \partial x} = \frac{\partial^2 u}{\partial x^2} + \frac{\partial^2 u}{\partial y^2} + \frac{\partial}{\partial x}\left(\frac{\partial u}{\partial x} + \frac{\partial v}{\partial y}\right) = \frac{\partial^2 u}{\partial x^2} + \frac{\partial^2 u}{\partial y^2} \tag{48}$$

$$\frac{\partial \epsilon_{xy}}{\partial x} + \frac{\partial \epsilon_{yy}}{\partial y} = \frac{\partial^2 v}{\partial x^2} + \frac{\partial^2 u}{\partial y \partial x} + 2\frac{\partial^2 v}{\partial y^2} = \frac{\partial^2 v}{\partial x^2} + \frac{\partial^2 v}{\partial y^2} + \frac{\partial}{\partial y}\left(\frac{\partial u}{\partial x} + \frac{\partial v}{\partial y}\right) = \frac{\partial^2 v}{\partial x^2} + \frac{\partial^2 v}{\partial y^2} \tag{49}$$

식 (48), (49)를 식 (47)에 대입하여 다음 결과를 얻는다.

$$\nabla \cdot \underline{\tau} = \mu \nabla \cdot \underline{\epsilon} = \mu\left(\frac{\partial^2 u}{\partial x^2} + \frac{\partial^2 u}{\partial y^2},\ \frac{\partial^2 v}{\partial x^2} + \frac{\partial^2 v}{\partial y^2}\right)$$
$$= \mu\left(\nabla^2 u,\ \nabla^2 v\right) = \mu \nabla^2 (u,\ v) = \mu \nabla^2 \underline{u} \qquad (50)$$

식 (50)을 식 (39)의 Cauchy 운동량 방정식에 대입하여 다음 결과를 얻는다.

$$\frac{\partial \underline{u}}{\partial t} + \underline{u} \cdot \nabla \underline{u} = -\frac{1}{\rho}\nabla p - g\hat{j} + \nu \nabla^2 \underline{u} \qquad (51)$$

여기서 $\nu = \dfrac{\mu}{\rho}$ 이며, 운동학적 점성계수(kinematic viscosity)[1]로 불린다. 이 방정식이 통상 Navier-Stokes 방정식, 또는 N-S 방정식으로 불리는 방정식이며, 선형 점성 유체에 대한 운동 법칙을 수식화하여 얻어진 결과이다.

식 (51)에 따르면 점성에 기인하는 우변의 마지막 항이 미분의 차수(order)로 보면 가장 높은 2계 미분항으로 나타나고 있으며, 따라서 점성의 영향을 무시하는 것은 운동 방정식의 최고차항을 무시하여 결국 미분 방정식의 차수를 변화시키는 것에 상응하는 것임을 알 수 있다. 예를 들어, 2계 미분 방정식을 풀어야 하는 문제에 대해, 최고차의 미분항에 매우 작은 상수가 곱해져 있다고 하여 그 항을 무시하면 결과적으로 1계 미분 방정식을 풀게 되는데, 이 경우 2계 미분 방정식의 해는 일반적으로 두 개의 독립적인 해를 가지지만, 1계 미분 방정식의 경우에는 한 개의 독립적인 해만 가지므로, 원래 생각했던 물리계의 중요한 특성을 다 나타낼 수 없다는 문제점이 발생할 수 있다. 이와 같이 미분 방정식의 최고차항을 무시하는 것은 미분 방정식이 대표하는 계의 물리적 특성을 변화, 또는 왜곡시킬 우려가 있다는 점을 염두에 두어야 한다. 또한 이런 관점으로부터 비점성 유체에 관한 d'Alembert의 역설을 이해할 수 있음에 유의한다.

---

1) 책에 따라서는 이 계수를 동점성계수라고 하는 경우도 있으므로 동점성계수에 대해서는 그 정의를 항상 확인해야 한다.

2.5 경계 조건

앞 절에서 구한 N-S 방정식, 식 (51)은 선형 점성 유체의 비정상 유동에 대한 운동 방정식인데, 좌변의 첫 번째 항은 시간에 따른 변화가 있는 유동장의 효과를 나타내는 항이며, 정상 유동에 대해서는 영이 된다. 따라서 정상 유동에 대한 운동 방정식은 다음과 같은데,

$$\underline{u} \cdot \nabla \underline{u} = -\frac{1}{\rho}\nabla p - g\hat{j} + \nu \nabla^2 \underline{u} \tag{52}$$

이 방정식은 2계 편미분 방정식이다.

이와 같은 방정식은 주어진 유체 영역(region) 내부에서 만족되고, 주어진 각각의 문제의 특성은 경계(boundary) 또는 경계면(boundary surface)에서 어떤 조건을 만족시키느냐에 따라 결정되며, 일반적으로 경계 조건(boundary condition)의 수는 방정식의 미분 차수와 같다. 다시 말하면 2계 편미분 방정식인 경우에는 유체 영역의 경계에서 통상 두 개의 조건이 주어져야 한다.

경계면이 강체(rigid body) 또는 자유표면(free surface)인 경우에는 유체가 그 경계를 뚫고 들어갈 수 없다는 비침투 조건(impermeability), 즉 경계면 상에서 유체의 법선 방향 상대 속도가 영이 되어야 한다는 다음 조건을 만족시켜야 한다.

$$\left(\underline{u} - \underline{U}\right) \cdot \hat{n} = 0 \tag{53}$$

여기서 $\underline{U}$는 경계면 자체의 속도이고, $\hat{n}$은 경계면에 대한 법선 방향의 단위 벡터이다.

한편, 자유표면은 두 유체가 접하고 있을 때, 한 유체의 밀도가 다른 유체의 밀도에 비해 대단히 작으면, 밀도가 작은 유체의 존재는 무시할 수 있을 경우에 도입되는 이상적인 경계면이다. 수표면파를 다루는 경우, 수표면은 공기와 접하고 있어 비교적 자유롭게 움직일 수 있는 표면이며, 공기는 물보다 밀도가 대단히 작으므로, 물과 공기의 경계면은 자유표면으로 볼 수 있다고 간주한다. 한편 식 (53)에 따르면 한번 경계면에 속한 유체 입자는 항상 그 경계면 상에 있어야 하며, 이 조건은 통상 운동학적 조건

(kinematic condition)이라고 부른다.

경계면이 강체인 경우, 유체의 점성 때문에 유체의 접선 방향 상대 속도 또한 영이 되어야 한다는 다음과 같은 무활 조건(no-slip condition)을 만족시켜야 한다.

$$\left(\underline{u}-\underline{U}\right)\cdot\hat{s}=0 \tag{54}$$

여기서 $\hat{s}$는 경계면에 대한 접선 방향의 단위 벡터이다.

한편 점성을 무시하는 비점성 유체의 경우, 정상 유동에 대해서는 식 (52)에서 우변의 마지막 항, 즉 최고차 미분항을 무시하게 되므로, 결과적으로 1계 편미분 방정식을 풀어야 하는데, 이 경우에는 편미분 방정식의 차수가 하나 감소하였으므로, 이에 따라 하나의 경계 조건만 필요하게 된다. 경계면이 강체인 경우, 점성을 무시하면 통상 경계를 따라 접선 방향의 상대 속도 성분은 허용되며, 단지 법선 방향의 속도 성분은 영이라는 비침투 조건, 즉 식 (53)만 적용한다.

단지 수면파의 경우와 같이 수면의 형상, 즉 경계면이 미리 알려져 있지 않고 해의 일부로 주어져야 하는 경우에는 하나의 조건이 추가되어야 경계면의 위치를 확정지을 수 있으며, 따라서 비점성 유체를 가정하더라도 두 개의 경계 조건이 부과되어야 한다.

연습문제

2-1. 연습문제 그림 2-1에 보인 바와 같은 극 좌표계(polar co-ordinate system)의 미소요소를 사용하여 비압축성 유체의 2차원 유동에 대한 연속 방정식을 구하시오.

2-2. Euler 방정식의 y방향에 대한 식인 식 (19)를 유도하시오.

2-3. 포텐셜 유동에 대해 식 (27)이 성립함을 보이시오.

[도움말: x방향 성분에 대해서는 $u\dfrac{\partial u}{\partial x}+v\dfrac{\partial u}{\partial y}=u\dfrac{\partial u}{\partial x}+v\dfrac{\partial v}{\partial x}+v\left\{\dfrac{\partial u}{\partial y}-\dfrac{\partial v}{\partial x}\right\}$ 를 이용하시오.]

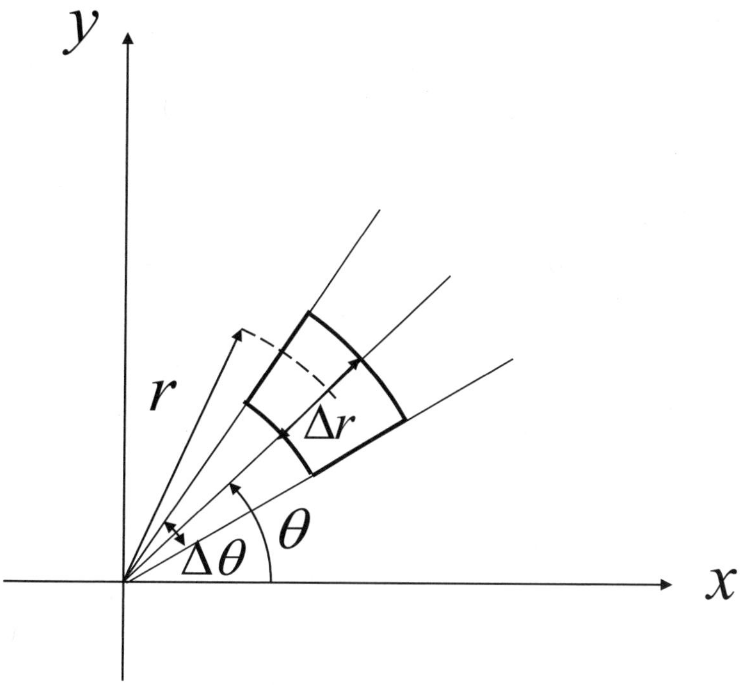

연습문제 그림 2-1 극 좌표계의 미소요소

2-4. Cauchy 방정식의 y방향에 대한 식인 식 (38)을 유도하시오.

2장 쉬어가기

쉬어가기 그림 2-1 Newton과 프링키피아

Newton(1642-1727, UK)은 1687년 프링키피아(Principia)를 통해 운동 법칙을 발표하였으며(쉬어가기 그림 2-1), 이는 차후 모든 물리 과학(physical science)의 토대를 이루었다[참고문헌 1].

그는 또한 Leibniz(1646-1716, Germany)와는 독립적으로 미적분을 창안하였으며, 그가 제안한 만유인력 법칙을 적용하여 지구 상에 있는 물체들의 운동뿐만 아니라 행성, 혜성들의 천체 운동 또한 예측이 가능함을 보였다.

Euler(1707-1783, Switzerland)는 1757년 발표한 'General principles of motion of fluids'라는 논문을 통하여(쉬어가기 그림 2-2), 유체 운동을 기술하는 기본적인 방법에 대해 기술하고, 비점성 유체에 대한 운동 방정식을 유도하였다.

2장 3절의 운동 방정식은 Euler에 의해 유도된 형태 거의 그대로이며, 다른 점이 있다면 물리량을 벡터를 사용하여 나타내는 방법 정도이다. 벡터 표기법은 일반적으로 생각되는 것보다 대단히 늦게 19세기 후반이 되어서야 도입되었다.

Gibbs(1839-1903, USA)는 1884년 벡터량과 그 미분, 즉 *grad*, *div*, *curl*에 대한 표기법을 제안하였는데, 그 이후에야 벡터 표기법이 광범위하게 쓰이기 시작하였으며, 그 전에는 직각좌표계를 도입하고, 각각의 축 방향에 대해 따로따로 방정식을 쓰는 방법을 취하였다. 20세기 중엽까지도 상당히 많은 책에서 도입부에 예를 들어, '이 책에서는 Gibbs의 벡터 표기법을 사용하기로 한다'는 표현을 볼 수 있었는데, 20세기 후반에 이르러서는 그와 같은 표현은 거의 사라졌다.

274

PRINCIPES GÉNÉRAUX
DU MOUVEMENT DES FLUIDES.
PAR M. EULER.

I.

Ayant établi dans mon Mémoire précedent les principes de l'équilibre des fluides le plus généralement, tant à l'égard de la diverſe qualité des fluides, que des forces qui y puiſſent agir ; je me propoſe de traiter ſur le même pied lè mouvement des fluides, & de rechercher les principes géneraux, ſur lesquels toute la ſcience du mouvement des fluides eſt fondée. On comprend aiſément que cette matiere eſt beaucoup plus difficile, & qu'elle renferme des recherches incomparablement plus profondes : cependant j'eſpère d'en venir auſſi heureuſement à bout, de ſorte que s'il y reſte des difficultés, ce ne ſera pas du côté du méchanique, mais uniquement du côté de l'analytique : cette ſcience n'étant pas encore portée à ce degré de perfection, qui feroit néceſſaire pour développer les formules analytiques, qui renferment les principes du mouvement des fluides.

II. Il s'agit donc de découvrir les principes, par lesquels on puiſſe déterminer le mouvement d'un fluide, en quelque état qu'il ſe trouve, & par quelques forces qu'il ſoit ſollicité. Pour cet effet examinons en détail tous les articles, qui conſtituent le ſujet de nos recherches, & qui renferment les quantités tant connues qu'inconnues. Et d'abord la nature du fluide eſt ſuppoſée connue, dont il faut conſidérer les diverſes eſpeces : le fluide eſt donc, ou incompreſſible, ou compreſſible. S'il n'eſt pas ſusceptible de compreſſion, il faut diſtinguer deux cas, l'un où toute la maſſe eſt compoſée de parties homogenes, dont la denſité eſt partout & demeure toujours la même, l'autre

쉬어가기 그림 2-2 Euler와 그의 1757년 논문

Euler는 스위스에서 태어나고 공부하였지만 그 학문 활동은 주로 독일과 러시아에서 하였고, 러시아에서 생을 마감하였으며, 러시아의 St. Petersburg 과학아카데미는 그의 서거 후 거의 80년이 지난 1862년 그의 마지막 유고를 발간하였다.

Cauchy(1789-1857, France)는 1823년 발표한 'On equilibrium and motion inside bodies of solid or fluid, elastic or non-elastic'라는 논문을 통하여, 연속체 내부의 동역학적 평형을 기술하기 위해 필요한 내력(internal force)과 응력(stress)의 개념을 도입하였다(쉬어가기 그림 2-3).

2장 4절에서 사용된 응력은 그의 창작품이며, 이 개념이 도입된 후에야 점성 유체의 운동 방정식 뿐만 아니라 일반적인 연속체에 대한 운동 방정식을 얻을 수 있었다.

RECHERCHES
SUR L'ÉQUILIBRE ET LE MOUVEMENT INTÉRIEUR
DES CORPS SOLIDES OU FLUIDES,
ÉLASTIQUES OU NON ÉLASTIQUES.

Bulletin de la Société Philomatique, p. 9-13; 1823.

Ces recherches ont été entreprises à l'occasion d'un Mémoire publié par M. Navier, le 14 août 1820. L'auteur, pour établir l'équation d'équilibre du plan élastique, avait considéré deux espèces de forces produites, les unes par la dilatation ou la contraction, les autres par la flexion de ce même plan. De plus il avait supposé, dans ses calculs, les unes et les autres perpendiculaires aux lignes ou aux faces contre lesquelles elles s'exercent. Il me parut que ces deux espèces de forces pouvaient être réduites à une seule, qui devait constamment s'appeler tension ou pression, et qui était de la même nature que la pression hydrostatique exercée par un fluide en repos contre la surface d'un corps solide. Seulement la nouvelle pression ne demeurait pas toujours perpendiculaire aux faces qui lui étaient soumises, ni la même dans tous les sens, en un point donné. En développant cette idée, j'arrivai bientôt aux conclusions suivantes.

Si dans un corps solide élastique ou non élastique on vient à rendre rigide et invariable un petit élément du volume terminé par des faces quelconques, ce petit élément éprouvera sur ses différentes faces, et en chaque point de chacune d'elles, une pression ou tension déter-

쉬어가기 그림 2-3 Cauchy와 그의 1823년 논문

Stokes(1819-1903, UK)는 1845년 발표한 'On the theories of the internal friction of fluids in motion, and of the equilibrium and motion of elastic solids'라는 논문을 통하여, Newton 유체와 탄성체에 대한 운동 방정식을 Cauchy의 응력 개념을 사용하여 유도하였다. 2장 4절의 점성 유체에 대한 운동 방정식은 그의 논문에서 최초로 모습을 드러냈다(쉬어가기 그림 2-4).

[From the *Transactions of the Cambridge Philosophical Society*, Vol. VIII. p. 287.]

ON THE THEORIES OF THE INTERNAL FRICTION OF FLUIDS IN MOTION, AND OF THE EQUILIBRIUM AND MOTION OF ELASTIC SOLIDS.

[Read April 14, 1845.]

THE equations of Fluid Motion commonly employed depend upon the fundamental hypothesis that the mutual action of two adjacent elements of the fluid is normal to the surface which separates them. From this assumption the equality of pressure in all directions is easily deduced, and then the equations of motion are formed according to D'Alembert's principle. This appears to me the most natural light in which to view the subject; for the two principles of the absence of tangential action, and of the equality of pressure in all directions ought not to be assumed as independent hypotheses, as is sometimes done, inasmuch as the latter is a necessary consequence of the former*. The equations of motion so formed are very complicated, but yet they admit of solution in some instances, especially in the case of small oscillations. The results of the theory agree on the whole with observation, so far as the time of oscillation is concerned. But there is a whole class of motions of which the common theory takes no cognizance whatever, namely, those which depend on the tangential action called into play by the sliding of one portion of a fluid along another, or of a fluid along the surface of a solid, or of a different fluid, that action in fact which performs the same part with fluids that friction does with solids.

* This may be easily shewn by the consideration of a tetrahedron of the fluid, as in Art. 4.

쉬어가기 그림 2-4 Stokes와 그의 1845년 논문

Chapter 3

수표면 중력파

3.1 선형 수면파(Linear Water Surface Waves)의 기초

수표면 중력파, 또는 짧게 줄여서 수면파를 정량적으로 기술하는 방법은 매우 다양하지만 그 중에서도 가장 기본적인 방법은 수면파의 모양을 단일 진동수(monochromatic[1])를 갖는 조화 함수[2](harmonic function)로 나타낼 수 있다고 가정하는 소위 선형 수면파 이론을 사용하는 방법이다. 이 경우 가장 기본적인 질문은 수면의 형상을 조화 함수로 나타내는 것이 물리적으로 타당한가 하는 것이다. 보다 정확하게 말하면 수면의 형상 $\eta(x,t)$를 다음과 같이(그림 3-1 참조) 나타내는 것이 역학적으로 타당한가 하는 질문이다.

$$\eta(x,t) = A\cos(kx - \omega t) = A\cos\Theta \tag{1}$$

여기서 x는 정수면 상에 잡은 파도의 진행 방향과 같은 방향인 좌표축, t는 시간이며, A는 수면파의 진폭(amplitude), k는 파수(wave number), ω는 원진동수(circular frequency)라고 부르고, Θ는 수면파의 위상을 나타내는 위상 함수(phase function)이다.

위에서 제기한 질문에 답하기 전에 식 (1)에 대해 먼저 생각해 보기로 한다.

---

1) 파동에 대한 이론이 광학(optics)에서 먼저 발전된 때문에 단색(單色)의 뜻을 가진 단어가 단일 진동수를 나타내는 용어로 일반적으로 사용되고 있다.

2) sin 과 cos 같은 삼각함수는 조화 함수라고 불리는데, 이는 이 함수들이 화음(harmony)을 이루는 음파를 나타내는데 사용되었기 때문에 주어진 이름이다.

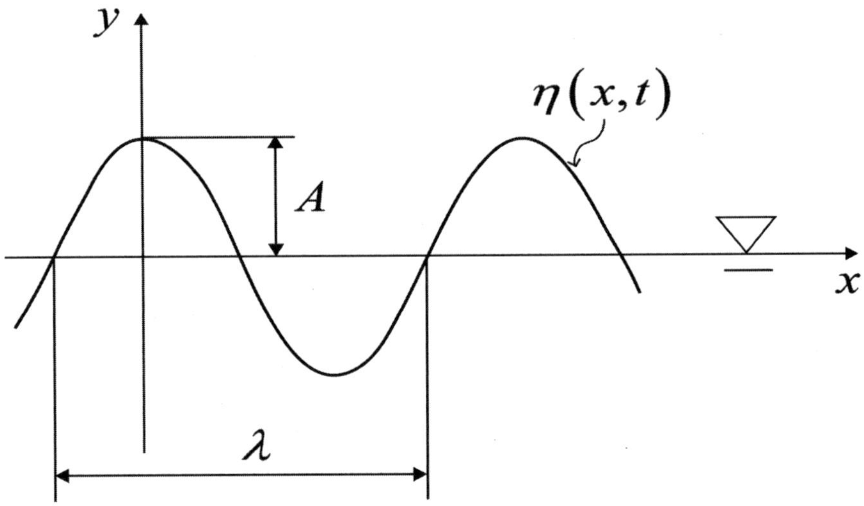

그림 3-1 선형 수면파와 좌표계

언뜻 보기에 대단히 간단한 식 (1)은 공간과 시간을 나타내는 좌표 이외에 (A,k,ω)의 세 매개변수(parameter)를 포함하고 있다. 먼저 A는 파도의 크기, 또는 높이를 나타내는 유일한 매개변수인 점에 유의한다. 한편 kx의 값이 2π 증가할 때마다 조화 함수의 주기성에 의해 η의 값이 반복되는 것을 고려하면 $k\lambda = 2\pi$이므로, 식 (1)로 주어지는 수면파의 파장(wavelength) λ는 $2\pi/k$이다. 다시 말하면 $k = 2\pi/\lambda$인데, $1/\lambda$이 단위 길이 당 파도의 개수를 나타내는 것을 고려하면, 파수 k는 파도 하나를 2π로 보는 소위 래디안(radian)으로 잰 파수이다. 또 ωt의 값이 2π 증가할 때마다 η의 값이 반복되는 것을 고려하면 식 (1)로 주어지는 수면파의 주기(period) T는 $2\pi/\omega$이므로, 따라서 $\omega = 2\pi/T$인데, $1/T$는 단위 시간 당 파도의 개수를 나타내므로 ω는 파도 하나를 2π로 보는 래디안으로 잰 진동수이다. 이상의 논의에 의하면 k 대신 λ, 또 ω 대신에는 T를 사용할 수 있음을 알 수 있다.

한편 식 (1)에서 위상 함수를 약간 변형하여 수면파와 관련된 또 하나의 중요한 매개변수를 얻어낼 수 있다. 먼저 다음을 고려하자.

$$\Theta = kx - \omega t = k(x - \frac{\omega}{k}t) = k(x - \frac{\lambda}{T}t) = k(x - ct) \tag{2}$$

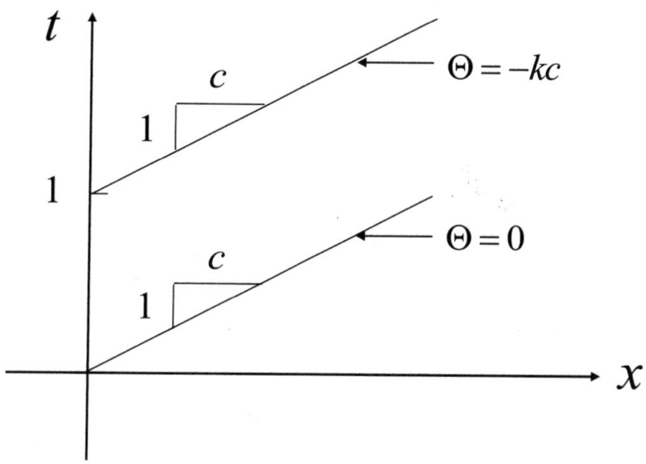

그림 3-2 진행파와 위상속도

이 식 제일 우변의 괄호 안은 식 (1)로 주어지는 수면파가 양의 x방향으로 속도 c로 평행 이동하는 소위 진행파(progressive wave)임을 보여 주고 있으며(그림 3-2 참조), 여기서 c는 동일한 위상에 상응하는 η의 값이 움직이는 속도이므로 위상속도(phase velocity)라고 부른다. 한편 식 (1)이 포함하고 있는 세 매개변수 중 두 매개변수 k, ω 대신에 λ, T, c 중의 어떤 두 매개변수를 사용하여도 같은 수면파를 나타낼 수 있음에 유의한다.

다시 식 (1)에 대한 기본적인 질문으로 돌아가서 수면파를 식 (1)과 같은 조화 함수로 나타내는 것이 물리적으로 타당한 것인지에 대해 생각해 보자. 이 질문에 답하기 위해서는 먼저 수면에 파도가 생길 때 물이 만족해야 하는 유체역학적 조건을 생각해 보아야 한다. 물을 비점성, 비압축성 유체, 즉 이상 유체(ideal fluid)로 가정하고, 유동이 정지 상태에서 시작되었다고 하면 수면파와 관련된 유동은 속도포텐셜 $\phi(x,y,t)$를 사용하여 유동을 나타낼 수 있는 포텐셜 유동임은 잘 알려져 있는 사실이다. 포텐셜 유동의 경우, 속도 벡터 $\underline{u}(x,y,t)$는 속도포텐셜의 $grad$로 다음과 같이 주어지며,

$$\underline{u} = \nabla\phi \tag{3}$$

이상 유체에 대한 질량보존 법칙은 식 (2-11)로부터 다음과 같이 주어지므로

$$div\,\underline{u} = \nabla \cdot \underline{u} = 0 \tag{4}$$

속도포텐셜은 다음과 같은 Laplace 방정식을 만족해야 하고,

$$\nabla \cdot \underline{u} = \nabla^2 \phi = \frac{\partial^2 \phi}{\partial x^2} + \frac{\partial^2 \phi}{\partial y^2} = 0 \tag{5}$$

또한 유체의 모든 경계면에서 주어진 경계 조건을 만족해야 한다. 물의 깊이가 무한하다고 가정하면 유체 영역의 경계면은 수표면과 $y \to -\infty$ 인 경계면으로 이루어진다.

먼저 자유표면으로 가정하는 수표면 상에서의 경계 조건은 수표면 상에서 압력이 일정하다는 동역학적 조건(dynamic condition)과 그 위의 유체 입자는 항상 그 위에 위치해야 한다는 운동학적 조건이 있다. 동역학적 조건은 비정상 유동(unsteady flow)에 대한 Bernoulli 방정식, 식 (2-29)로부터 대기압을 p_a 라고 하면 다음과 같이 얻을 수 있는데,

$$\frac{\partial \phi}{\partial t} + \frac{1}{2}|\nabla \phi|^2 + \frac{p_a}{\rho} + g\eta = \frac{p_a}{\rho}, \quad y = \eta \text{에서} \tag{6}$$

여기서 $\frac{1}{2}|\nabla \phi|^2$ 은 미지함수인 속도포텐셜의 미분의 제곱항이므로 비선형(nonlinear)항이며 속도포텐셜과 수면파의 크기가 작은 양이라면 식 (6) 좌변의 선형항들에 비해 작다고 가정할 수 있으므로 무시할 수 있다. 이와 동시에 위의 조건을 $y = \eta$가 아닌 정수면인 $y = 0$에 대해 근사적으로 적용시키기로 하면 다음 결과를 얻는데

$$\frac{\partial \phi}{\partial t} + g\eta = 0, \quad y = 0 \text{에서} \tag{7}$$

식 (7)은 동역학적 선형 수표면 조건(linearized dynamic water surface condition)이라고 부른다.

한편 수표면은 다음과 같이 나타낼 수도 있음을 고려하면

$$F(x,y,t) = y - \eta(x,t) = 0 \tag{8}$$

수표면에 대한 법선 방향은 함수 F의 $grad$를 취해 다음과 같이 얻으며(연습문제 3-1),

$$\nabla F = (-\frac{\partial \eta}{\partial x}, 1) \tag{9}$$

또 수표면 상에 있는 유체 입자의 속도 벡터 $\underline{u}$와 수표면 자체의 속도 벡터 $\underline{U}$는 각각 다음과 같이 쓸 수 있다.

$$\underline{u} = (\frac{\partial \phi}{\partial x}, \frac{\partial \phi}{\partial y}), \quad \underline{U} = (0, \frac{\partial \eta}{\partial t}) \tag{10}$$

운동학적 조건은 수표면 상에 있는 유체 입자의 속도 벡터의 법선 방향 성분과 수표면 자체의 속도 벡터의 법선 방향 성분이 같아야 한다는 조건, 즉 비침투 조건인 식 (2-53)을 고려하여 다음을 얻을 수 있고

$$\underline{u} \cdot \nabla F = \underline{U} \cdot \nabla F \tag{11}$$

여기에 식 (9), (10), (11)을 대입하여 다음을 얻는다.

$$-\frac{\partial \phi}{\partial x}\frac{\partial \eta}{\partial x} + \frac{\partial \phi}{\partial y} = \frac{\partial \eta}{\partial t}, \quad y = \eta \text{에서} \tag{12}$$

동역학적 조건에 대해서와 같은 방법으로 식 (12)를 선형화하면 다음을 얻으며

$$\frac{\partial \eta}{\partial t} - \frac{\partial \phi}{\partial y} = 0, \quad y = 0 \text{에서} \tag{13}$$

식 (13)은 운동학적 선형 수표면 조건(linearized kinematic water surface condition)이라고 부른다. 식 (7)과 식 (13)으로부터 η를 소거하면 다음을 얻으며

$$\frac{\partial^2 \phi}{\partial t^2} + g\frac{\partial \phi}{\partial y} = 0, \quad y = 0\text{에서} \tag{14}$$

이 식은 선형 수표면 조건(linearized water surface condition)이라고 부른다.

$y \to -\infty$인 경계면에서의 조건은 속도 벡터의 크기가 대단히 작아져야 할 것이므로 다음과 같이 쓸 수 있다.

$$|\nabla \phi| \to 0, \quad y \to -\infty\text{에서} \tag{15}$$

식 (5), (14), (15)를 만족하는 속도포텐셜을 구하면 식 (7)을 이용하여 수표면의 방정식을 얻을 수 있다. 이하에서는 두 가지 방법으로 식 (1)이 이와 같이 식 (5), (14), (15)로 이루어지는 경계치 문제(boundary value problem)의 해가 될 수 있음을 보이기로 한다.

첫 번째로는, 원래 우리의 질문이 식 (1)로 주어지는 수표면이 물리적으로 가능한 것인가 하는 것이었으므로, 경계치 문제를 직접 풀기 전에 역으로 식 (1)이 위의 경계치 문제의 해의 일부라면, 그에 상응하는 속도포텐셜은 어떤 형태를 가져야 할 것인가 하는 방향으로 문제에 접근할 수 있다. 만약 그와 같은 형태의 속도포텐셜을 구할 수 있다면 원래 우리가 가졌던 질문에 대한 대답은 물론 '그렇다'라고 할 수 있을 것이다. 먼저 식 (7)로부터 다음을 알 수 있으며,

$$\left.\frac{\partial \phi}{\partial t}\right|_{y=0} = -g\eta = -gA\cos(kx - \omega t) \tag{16}$$

따라서 다음과 같이 추론할 수 있다.

$$\phi|_{y=0} = \frac{gA}{\omega}\sin(kx - \omega t) \tag{17}$$

식 (17)과 식 (5)로부터 ϕ의 y에 대한 종속성은 e^{ky} 또는 e^{-ky}가 되어야 함을 알 수 있는데, $y \to -\infty$에서의 경계 조건인 식 (15)를 고려하면 e^{ky}만이 가능하다. 따라서

다음 결과를 얻는데

$$\phi(x,y,t) = \frac{gA}{\omega} e^{ky} \sin(kx - \omega t) \tag{18}$$

식 (18)과 같은 속도포텐셜은 식 (5), (15)를 만족하며 동시에 수표면의 방정식으로 식 (1)을 주는 물리적으로 가능한 해이다. 그러나 아직 식 (14)를 만족시키지 못했으므로, 식 (18)을 식 (14)에 대입하면 다음 결과를 얻는데

$$\omega^2 = gk \tag{19}$$

이 식은 분산관계식(dispersion relation)으로 불리는 아주 중요한 식이며 수면파를 나타내는데 필요한 변수 중, k와 ω가 서로 독립이 아님을 보여 주고 있다. 만약 k가 주어지면 식 (19)를 사용하여 ω를 결정할 수 있으므로, 식 (1)에서 독립인 매개변수는 A를 제외하고는 하나밖에 없음에 유의한다.

두 번째로는 응용수학, 또는 공학수학에서 배운 변수분리법(method of separation of variables)을 사용하여 경계치 문제를 직접 풀어 보기로 한다. 먼저 Laplace 방정식의 해가 다음과 같이 x만의 함수인 X, y만의 함수인 Y, t만의 함수인 T의 곱으로 쓸 수 있다고 가정한다.

$$\phi(x,y,t) = X(x)\,Y(y)\,T(t) \tag{20}$$

이 식을 Laplace 방정식, 식 (5)에 대입하여 정리하면 다음을 얻는데,

$$\frac{1}{X}\frac{d^2X}{dx^2} = -\frac{1}{Y}\frac{d^2Y}{dy^2} \tag{21}$$

이 식의 좌변은 x만의 함수, 우변은 y만의 함수이므로 결국 양변은 상수가 되어야만 하며, x방향으로 조화 함수 형태의 해를 가져야 하는 점을 감안하여 다음과 같이 쓸 수 있다.

$$\frac{1}{X}\frac{d^2X}{dx^2} = -\frac{1}{Y}\frac{d^2Y}{dy^2} = -n^2 \tag{22}$$

여기서 n은 임의의 양의 실수이다. 따라서 X와 Y는 각각 다음과 같은 상미분 방정식을 만족해야 한다.

$$\frac{d^2X}{dx^2} + n^2X = 0 \tag{23}$$

$$\frac{d^2Y}{dy^2} - n^2Y = 0 \tag{24}$$

한편 식 (15)의 경계 조건에 식 (20)을 대입하면 다음의 조건을 얻으므로,

$$Y(-\infty) \to 0,\ \frac{dY}{dy}(-\infty) \to 0, \tag{25}$$

식 (25), (26)으로부터 Y를 다음과 같이 결정할 수 있다.

$$Y = e^{ny} \tag{26}$$

한편 식 (23)으로부터 X는 조화 함수임을 확인할 수 있으며, 또한 조화 함수의 주기성으로부터 $n = k$임을 알 수 있고, 따라서 다음과 같이 쓸 수 있다.

$$XY = e^{ky}\left(C_1e^{ikx} + C_2e^{-ikx}\right) \tag{27}$$

여기서 아직까지 고려하지 못한 식 (14)에 식 (20)의 가정을 대입하여 정리하면 다음을 얻으며,

$$\frac{d^2 T}{dt^2} + gkT = 0 \tag{28}$$

따라서 $gk = \omega^2$으로 놓으면, 다음을 얻는다.

$$T = C_3 e^{i\omega t} + C_4 e^{-i\omega t} \tag{29}$$

위에서 얻은 결과인 식 (27), (29)를 식 (20)의 가정에 대입하면 다음을 얻는데,

$$\phi(x, y, t) = X(x)Y(y)T(t) = Re\{Be^{ky}e^{i(kx - \omega t)}\} \tag{30}$$

여기서 Re은 실수부(real part)를 뜻하고, B는 아직 정해지지 않은 복소 상수(complex constant)이다.

이제 식 (7)을 다음과 같이 쓸 수 있으므로,

$$\eta = -\frac{1}{g}XY(0)\frac{dT}{dt} = ARe\left(e^{ikx}e^{-i\omega t}\right) \tag{31}$$

이 식을 식 (27), 식 (29)와 비교하여 $C_1 = C,\ C_2 = 0,\ C_3 = 0,\ C_4 = 1$로 택하기로 하면, 이를 식 (31)에 대입하여 $\frac{i\omega B}{g} = A$를 얻으므로 결국 다음 결과를 얻는다.

$$\phi(x, y, t) = -Re\left\{\frac{igA}{\omega}e^{ky}e^{i(kx - \omega t)}\right\} = \frac{gA}{\omega}e^{ky}\sin(kx - \omega t) \tag{32}$$

이 결과는 첫 번째 방법으로 얻었던 식 (18)과 동일한 결과이며, 분산관계식 또한 식 (28)로부터 얻었던 점을 상기하면 변수분리법을 사용하여 앞에서 얻었던 경계치 문제의 해로서 조화 함수로 표현되는 수면파를 얻을 수 있음을 알 수 있다.

이상에서 얻은 결과를 종합하면, 식 (1)과 같이 조화 함수를 사용하여 수면파를 나타내는 것은 역학적으로 타당한 일이며, 단 이 때 유체 입자의 속도 벡터는 다음과 같고

$$\underline{u} = (u,v) = \nabla\phi = \omega A e^{ky}(\cos\Theta, \sin\Theta) \tag{33}$$

또 수면파의 기하학적 형상의 시간적, 공간적 주기성을 나타내는 ω와 k는 식 (19)로 주어지는 다음과 같은 분산관계식을 만족해야 한다.

$$\omega^2 = gk \tag{19}$$

분산관계식의 물리적 중요성에 대해 생각해 보기 위해 위상속도의 제곱을 생각하면 다음을 얻는데

$$c^2 = \frac{\omega^2}{k^2} = \frac{gk}{k^2} = \frac{g}{k} = \frac{g}{2\pi}\lambda \tag{34}$$

이 식에 따르면 파도의 위상속도는 파장의 제곱근에 비례하여 증가하며 그 비례상수는 1.25 이다(그림 3-3 참조). 따라서 파장이 큰 파도는 짧은 파도에 비해 더 큰 위상속도로 빠르게 움직이며, 또 이와 같은 수면파의 성질은 처음에 파장이 서로 다른 파도들이 한군데 섞여 있다고 하더라도 시간이 지나면 파도가 전파하면서 긴 파도는 앞쪽에, 짧은 파도는 뒤쪽에 모이게 되어 파도가 차지하는 영역의 길이가 길어지게 될 것이다. 이와 같은 파도의 성질을 분산성이라고 부르며, 이에 따라 식 (19)를 분산관계식이라고 부른다.

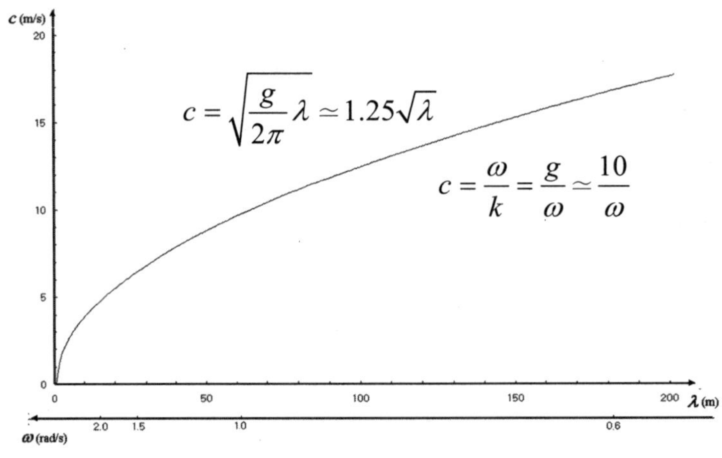

그림 3-3 파장과 진동수에 따른 위상속도의 변화

한편 수표면 상에서의 경계 조건을 선형화하는 과정 중에 무시한 비선형항들이 선형항들에 비해 작기 위해서는 식 (18), 또는 (32)로부터 경사도(steepness)라고 불리는 kA가 작아야 한다는 것을 알 수 있으며(연습문제 3-2), kA는 A/λ에 2π를 곱한 값이므로, 선형화가 정당화되기 위해서는 우리가 생각하는 파도의 A/λ가 작아야 한다. 많은 실험에 의해 A/λ가 $1/50$보다 작으면 식 (1)과 위에서 얻은 결과들이 꽤 좋은 근사라는 것이 알려져 있다.

위에서 설명한 선형 수면파 이론은 Airy(1841)에 의해 성립되었으며, 따라서 Airy 파도 이론(Airy wave theory)이라고 부른다. 만약 A/λ가 $1/50$보다 커서 Airy 이론을 사용하기 곤란한 경우에는, Stokes(1847)의 비선형성을 고려한 Stokes 고차이론(Stokes higher order theory)을 쓸 수 있으며, 이에 대해서는 통상 해양파역학(Ocean wave mechanics) 또는 대학원 과정에서 다루고 있다.

3.2 선형 수면파(Linear Water Surface Waves) 이론의 응용

앞 절에서는 간단한 조화 함수를 이용하여 수면파를 기술하는 것이 역학적으로 타당하다는 것을 알아보았으며, 그에 상응하는 유동장(flow field)의 속도포텐셜을 얻고, 또 주기성을 나타내는 매개변수 사이의 관계식인 분산관계식을 얻었다. 이 절에서는 앞에서 얻어진 결과들을 이용하여 조화 함수로 주어지는 수면파가 존재할 때의 유동장이 가지는 몇 가지 물리적 성질들, 즉 유체 입자가 가지는 속도 벡터의 성질, 유동장 내부의 압력 분포, 유체 입자의 운동 궤적, 길이가 유한한 파도들의 전파 속도인 군속도(group velocity) 등에 대해 알아보기로 한다.

먼저 유체 입자의 속도 벡터는 식 (33)으로 주어지며, x방향 속도 성분 u는 수면파와 같은 위상을 가지므로, 파정(hump) 아래에 있는 점에서의 u는 ωAe^{ky} 이며, 파저(hollow) 아래에 있는 점에서의 는 $-\omega Ae^{ky}$ 이다. 또 속도 벡터의 크기는 식 (33)으로부터 수면파의 위상에 무관하게 다음과 같이 주어짐을 알 수 있다(연습문제 3-4; 그림 3-4 참조). u

$$|\underline{u}| = \omega Ae^{ky} \tag{35}$$

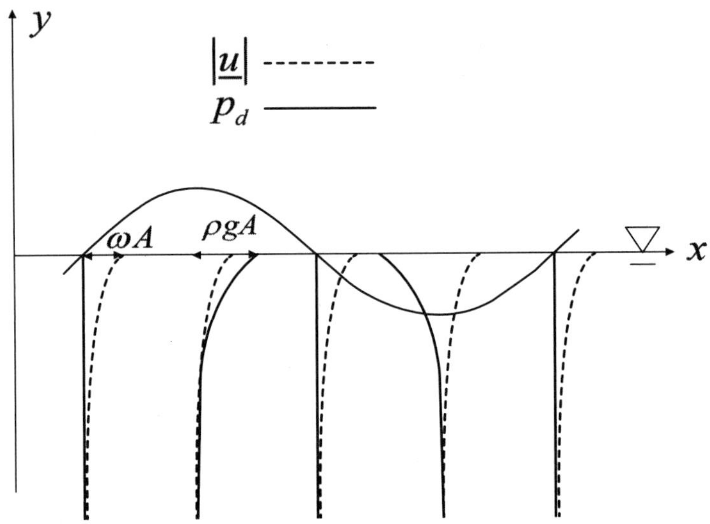

그림 3-4 속도 벡터의 크기와 압력의 변화

이 식에 따르면 속도 벡터의 크기는 오직 수면으로부터의 깊이에 따라 변화하며, 지수 함수적으로 감소(exponentially decrease)한다. 지수 함수는 변화가 대단히 급격하여 지수가 $-\pi$일 경우 0.04 정도의 값을 가지므로, 수면파가 존재할 경우 물 속으로 파장 λ의 반만 들어간다고 하더라도 즉 $y=-\dfrac{\lambda}{2}$이면 유체 입자가 가지는 속도 벡터의 크기는 수표면에서의 값의 4%밖에 되지 않는다. 따라서 수면파의 영향은 수표면으로부터 반 파장 정도의 깊이까지밖에 미치지 않는다고 해도 크게 틀리지 않으며, 태풍이 불 때에도 물 속 깊이 있는 물고기들은 별 상관없이 잘 지낼 것이라고 생각할 수 있다.

유동장 내부의 압력 p는 비정상 유동에 대한 Bernoulli 방정식, 식 (2-29)로부터 다음과 같이 얻을 수 있는데

$$\frac{p-p_a}{\rho}=-\frac{\partial\phi}{\partial t}-\frac{1}{2}|\nabla\phi|^2-gy \tag{36}$$

앞 절에서 사용한 선형 이론의 특성상 비선형항인 $\frac{1}{2}|\nabla\phi|^2$은 다른 항들에 비해 매우 작으므로 무시할 수 있어 결국 다음을 얻는다.

$$\frac{p-p_a}{\rho} = -\frac{\partial\phi}{\partial t} - gy \tag{37}$$

이 식 우변의 마지막 항 $-gy$는 수정압(hydrostatic pressure)에 상응하므로, 대기압을 기준으로 하는 수동압(hydrodynamic pressure) p_d를 다음과 같이 정의하면,

$$p_d = p - p_a + \rho g y \tag{38}$$

다음 결과를 얻는다.

$$\frac{p_d}{\rho} = -\frac{\partial\phi}{\partial t} \tag{39}$$

이 식을 이용하여 수면파에 기인하는 수동압을 구하면 다음과 같으며,

$$\frac{p_d}{\rho} = -\frac{\partial\phi}{\partial t} = gAe^{ky}\cos\Theta = g\eta e^{ky} \tag{40}$$

이 식에 따르면 수면파가 있을 때 물 속에서의 수동압은 수면파와 같은 위상을 가지며, 수면파의 상승에 따른 수정압만큼의 변화인 $\rho g\eta$에 e^{ky}를 곱한 만큼 증가한다. 여기서 e^{ky}를 곱한 만큼 압력이 변화한다는 것은 일반적으로 Smith 효과(Smith effect)라고 부르며, 이 때문에 수면으로부터 물속으로 파장의 반만큼 들어가면 수동압의 크기는 수면에서의 값의 4% 밖에 되지 않는다. 또한 수동압의 위상이 수면파의 위상과 같기 때문에, 연직 위치가 동일한 경우 파정 아래에 있는 점에서의 압력은 ρgAe^{ky}만큼 증가하지만, 파저 아래에 있는 점에서의 압력은 ρgAe^{ky}만큼 감소한다.

유체 입자의 궤적을 구하기 위해 다음을 생각한다. 먼저 파도가 없을 때, 즉 평형 상태에서 (x,y)에 있던 유체 입자의 위치 벡터를 $(X(t), Y(t))$라고 하면, 속도 벡터는 $\left(\frac{dX}{dt}, \frac{dY}{dt}\right)$로 주어지며, $u(X, Y, t)$를 $u(x,y,t)$로 근사하면, 다음 결과를 얻는다.

$$X - x \simeq \int u(x,y,t)dt = -Ae^{ky}\sin(kx - \omega t) \tag{41}$$

또한 $v(X, Y, t)$를 $v(x,y,t)$로 근사하면 다음 결과를 얻는다.

$$Y - y \simeq \int v(x,y,t)dt = Ae^{ky}\cos(kx - \omega t) \tag{42}$$

위의 식 (41)과 (42)를 제곱하여 더한 뒤 $\cos^2\Theta + \sin^2\Theta = 1$임을 이용하여 위상 Θ를 소거하면 유체 입자의 운동 궤적에 대해 다음 결과를 얻는다.

$$(X - x)^2 + (Y - y)^2 = (Ae^{ky})^2 \tag{43}$$

이 식은 중심을 (x,y)에 둔 반경이 Ae^{ky}인 원의 방정식이므로, 수면파가 진행할 때 물 속의 유체 입자는 근사적으로 평형점을 중심으로 원운동을 함을 알 수 있다(그림 3-5 참조). 유체 입자가 그리는 원의 반경 또한 위에서 보았던 것처럼 y의 증가에 따라 지수 함수적으로 감소한다.

식 (1)에 의해 묘사되는 수면파의 형상은 단일 진동수를 갖는 조화 함수로 x의 범위는 $-\infty$에서 ∞까지로 무한히 크다. 그러나 실제 수면파의 경우에는 모두 유한한 범위를 가지며 단일 진동수라기보다는 비슷한 진동수의 파도가 합쳐 있는 경우가 대부분이다. 이에 상응하는 가장 간단한 수학적 모형으로 진동수가 매우 비슷한 두 개의 단일 진동수 수면파의 합성파에 대해 생각해 본다. 두 수면파의 진폭은 A, 파수와 진동수의 차이를 각각 Δk, $\Delta\omega$라고 하고 $\Delta\Theta = \Delta kx - \Delta\omega t$라고 하면, 합성파에 대해 다음을 얻는다.

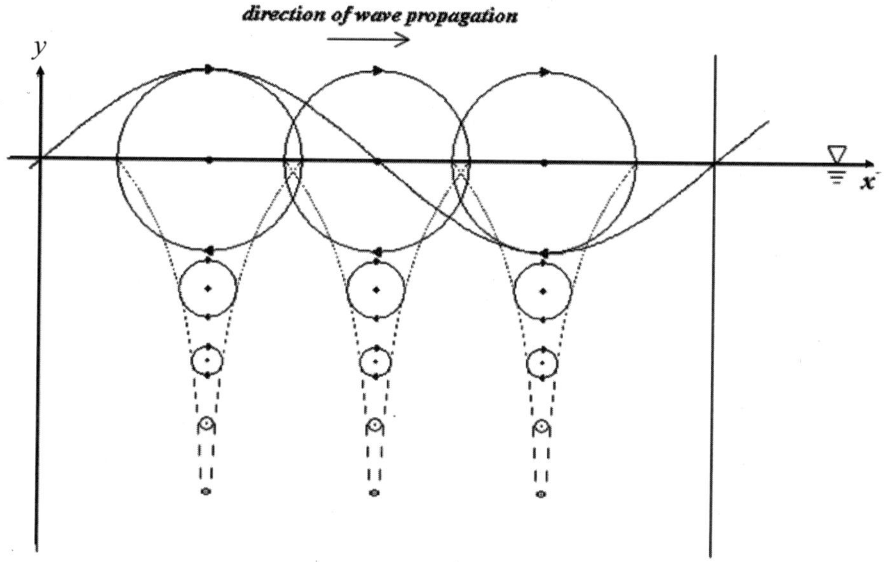

그림 3-5 유체 입자의 궤적

$$\eta = A\cos(kx-\omega t)+A\cos\{(kx-\omega t)+(\triangle kx-\triangle\omega t)\}$$
$$= A\cos\left(\Theta+\frac{\Delta\Theta}{2}-\frac{\Delta\Theta}{2}\right)+A\cos\left(\Theta+\frac{\Delta\Theta}{2}+\frac{\Delta\Theta}{2}\right)$$
$$= 2A\cos\frac{\Delta\Theta}{2}\cos\left(\Theta+\frac{\Delta\Theta}{2}\right) \quad (44)$$

이 식의 마지막 결과를 얻는 데는 cos에 대한 덧셈 공식을 사용하였다. 마지막 줄의 첫 번째 cos항은 파장이 $4\pi/\triangle k$인 포락선(envelope)을 결정하며, 두 번째 cos항은 원래의 수면파와 $\epsilon = \dfrac{\Delta\Theta}{2}$만큼의 위상차를 제외하면 동일한 위상 함수를 갖는 파도이다(그림 3-6 참조). 포락선이 정수면과 만나는 점을 절점(node)이라고 하는데, 인접한 두 절점 사이의 거리 $\Lambda = 2\pi/\Delta k$이며, 이 안에는 대단히 많은 파도가 들어 있다. 두 절점 사이에 있는 개별적인 파도의 위상속도는 $c = \omega/k$이지만, 두 절점 사이에 있는 무리로서의 파도들은 $c_g = \Delta w/\Delta k$의 속도로 전파한다. 실제 해상의 파도와 같이 성분파의 진동수가 연속적으로 변화하는 경우에는 Δk가 대단히 작아 영에 근접하는 것으로 볼 수 있으므로, Λ는 무한히 커지며, c_g는 미분의 정의에 따라 다음 식으로 주어진다.

$$c_g = \frac{d\omega}{dk} = \frac{1}{2}\sqrt{\frac{g}{k}} = \frac{1}{2}c \tag{45}$$

위 식을 얻기 위해 식 (19)와 (34)를 사용하였다. c_g는 군속도(group velocity)로 부르며, 위에서 보인 바와 같이 수심이 무한히 클 때에는 위상속도의 반임에 유의한다. 군속도는 한 무리로서의 파도의 전파 속도이기도 하지만, 유한한 길이의 파도가 진행할 때 파도의 에너지 전파 속도이기도 하며, 조파저항을 구하는 데는 군속도의 이러한 성질을 주로 이용할 것이다.

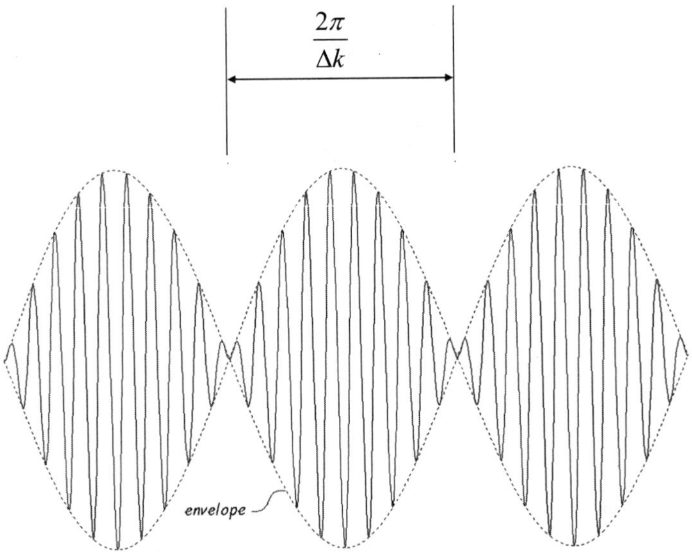

그림 3-6 진동수가 비슷한 두 수면파의 합성

연습문제

3-1. $F(x,y,z) = c$로 주어지는 곡면에 대해, 곡면 상에서는 다음이 성립하고,

$$dF = \frac{\partial F}{\partial x}dx + \frac{\partial F}{\partial y}dy + \frac{\partial F}{\partial z}dz = 0 \tag{E1}$$

두 벡터의 스칼라곱(scalar product)이 영이면, 두 벡터는 서로 직교함을 이용하여, ∇F가 위의 곡면에 대해 법선 방향의 벡터임을 보이시오.

3-2. 수표면 상에서의 경계 조건을 선형화하는 과정 중에 무시한 비선형항들이 선형항들에 비해 작기 위해서는 식 (18), 또는 (32)를 이용하여 kA가 작아야 함을 보이시오.

3-3. 선형 수면파 이론을 적용할 수 있는 적절한 크기의 파도를 선정하고, 그 파도에 대해 수심이 파장의 반 정도 되는 곳에서의 파도에 기인하는 수동압을 구하시오.

3-4. 식 (33)으로부터 속도 벡터의 크기는 위상에 관계없이 수표면으로부터의 연직 거리에만 따라서 변화함을 보이시오.

3-5. 식 (41), (42)로부터 시간을 소거하여 유체 입자의 운동 궤적이 원의 방정식을 만족함을 보이시오.

3-6. 분산관계식인 식 (19)를 이용하여 식 (45)에 보인 군속도와 위상속도의 관계를 구하시오.

3장 쉬어가기

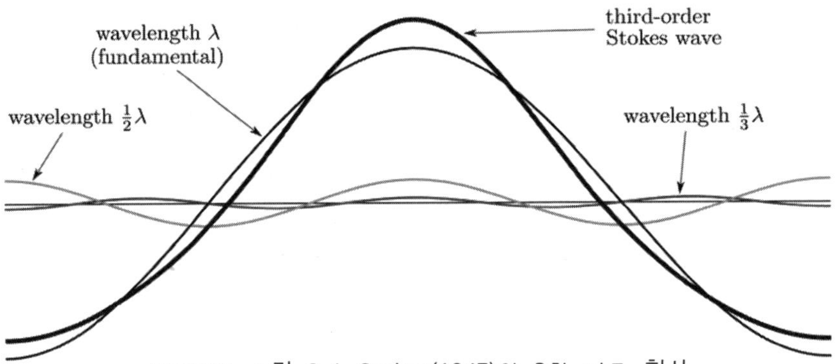

쉬어가기 그림 3-1 Stokes(1847)의 3차 파도 형상

Poisson(1781-1840, France)은 1818년 이상 유체의 비회전성 유동장을 가정하고, 선형화된 수표면 조건을 처음으로 유도, 적용하여 수면파 문제를 풀었으며, Airy(1801-1892, UK)는 1841년 분산 관계를 포함하는 선형파 이론을 정립하였다. 3장 1절에서 얻은 선형파 이론은 바로 Airy이론이며, 중첩 원리(superposition principle)를 적용할 수 있는 선형이론(linear theory)으로 그 응용 범위가 매우 넓다.

이어서 Stokes는 1847년 'On the theory of oscillatory waves'라는 논문을 통해 실제 크기가 좀 큰 파도와 보다 그 형상이 유사한 파도, 즉 위쪽은 보다 가파르고, 아래쪽은 보다 평퍼짐한 형상을 주는 고차이론(higher order theory)을 발표하였다(쉬어가기 그림 3-1).

한편, Rayleigh(1842-1919, UK)는 3장 2절에서 다룬 군속도(group velocity)의 개념을 1877년 발표한 저서 'Theory of sound'에서 최초로 본격적으로 다루었다.

Kelvin(1824-1907, UK)은 1905년 'Deep water ship waves'라는 논문을 통해 선박 및 부유체의 뒤쪽에 발생하는 파계에 대해 쉬어가기 그림 3-2에 보인 바와 같은 결과를 발표하였다.

위상이 같은 점들을 연결하여 얻은 곡선들을 보여주는 쉬어가기 그림 3-2의 파계는 쉬어가기 그림 3-3에 보인 선박의 뒤에 생성된 파계의 사진과 매우 유사한 형상을 보여주며, 이는 배를 둘러싸고 있는 거품이 쇄파에 기인하는 것을 생각하면 대단한 유사성이라고 할 수 있다.

배 뒤쪽의 쐐기형 부분에만 파도가 형성되는 것을 볼 수 있으며, 이 쐐기형 부분, 즉 Kelvin 쐐기(Kelvin wedge)의 꼭지점에서의 반각은 19° 28′인데, 이 결과 또한 매우 정확한 것을 확인할 수 있다. 이와 관련된 사항은 5장 3절에서 간략히 다룰 것이다.

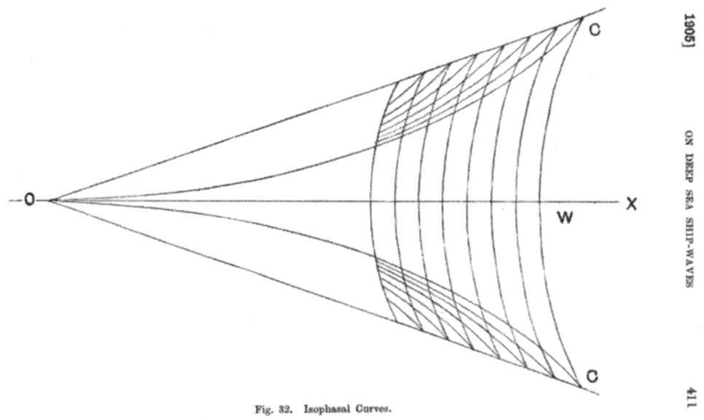

쉬어가기 그림 3-2 Kelvin(1905)의 파계

쉬어가기 그림 3-3 선박 뒤의 파계

Chapter 4

수표면파에 대한 유한 수심의 영향

4.1 수면파에 대한 경계치 문제

앞 장에서는 수심이 무한히 클 때의 수면파에 대해 고찰하였는데, 식 (3-35), (3-40) 아래에서 논의한 바와 같이 수면파가 전파한다고 하더라도 파장의 반 정도만 물속으로 들어가면 유체 입자의 속도나 압력은 크게 감소하여 파도의 존재 유무를 알기조차 매우 힘들 것이다. 따라서 물의 깊이 h가 반 파장보다 큰 경우에는 수심이 무한하다고 가정하여도 크게 틀리지 않는 결과를 얻을 수 있으나, 수심이 반 파장보다 작을 경우에는 수면파 자체가 바닥의 영향을 받을 것이므로 수심의 유한성을 고려해야 한다.

수심이 유한한 경우에도 유체 영역 내부에서의 질량보존 법칙인 연속 방정식은 다음과 같은 연속 방정식으로 주어지며(그림 4-1 참조),

$$\nabla \cdot \underline{u} = \nabla^2 \phi = \frac{\partial^2 \phi}{\partial x^2} + \frac{\partial^2 \phi}{\partial y^2} = 0 \tag{1}$$

수표면에서의 선형화된 경계 조건은 다음과 같이 식 (3-14)와 같은 형태로 주어진다.

$$\frac{\partial^2 \phi}{\partial t^2} + g\frac{\partial \phi}{\partial y} = 0, \quad y = 0\text{에서} \tag{2}$$

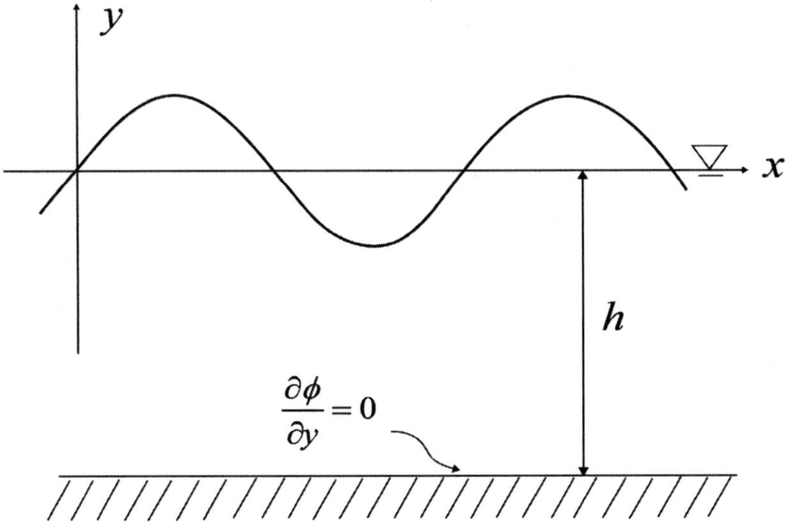

그림 4-1 수심이 유한한 경우의 수면파에 대한 경계치 문제

한편 수심의 유한성을 고려해야 하는 경우, 수심 h가 일정하다고 가정하면, 바닥면 $y = -h$의 경계 조건은 식 (2-53)으로부터 다음과 같은 비침투 조건을 만족해야 한다.

$$\frac{\partial \phi}{\partial y} = 0, \quad y = -h \text{에서} \tag{3}$$

이 식은 바닥 조건(bottom condition)이라고 부른다. 위의 세 식 (1), (2), (3)으로 이루어지는 경계치 문제의 해로 속도포텐셜을 구하면 다음과 같은 동역학적 선형 수표면 조건인 식 (3-7)을 이용하여 수표면의 형상을 구할 수 있다.

$$\eta = -\frac{1}{g}\frac{\partial \phi}{\partial t}\bigg|_{y=0} \tag{4}$$

위 경계치 문제의 해를 구하기 위해 앞 장에서 사용하였던 변수분리법을 사용하기로

하면, 먼저 속도포텐셜의 형태를 다음과 같이 가정하고,

$$\phi(x, y, t) = X(x)\,Y(y)\,T(t) \tag{5}$$

이 식을 Laplace 방정식, 식 (1)에 대입하여 정리한 뒤, 앞 장에서와 같은 논리에 근거하여 X와 Y가 만족해야 하는 다음과 같은 상미분 방정식을 얻는다.

$$\frac{d^2X}{dx^2} + k^2 X = 0 \tag{6}$$

$$\frac{d^2 Y}{dy^2} - k^2 Y = 0 \tag{7}$$

여기서 k는 물론 양의 실수로 상수이다. 한편 식 (3)의 바닥 조건에 식 (5)를 대입하면 다음의 조건을 얻으므로,

$$\left.\frac{dY}{dy}\right|_{y=-h} = 0 \tag{8}$$

식 (7), (8)로부터 Y를 다음과 같이 결정할 수 있다.

$$Y = \cosh k(y+h) \tag{9}$$

한편 식 (6)으로부터 X는 조화 함수임을 확인할 수 있으며, 따라서 일반성을 잃지 않고 다음과 같이 가정할 수 있다.

$$XY = \cosh k(y+h)\, e^{ikx} \tag{10}$$

여기서 아직까지 고려하지 못한 선형 수표면 조건인 식 (2)에 속도포텐셜에 대한 가정

인 식 (5)를 대입하고 식 (10)을 이용하여 정리하면 다음을 얻으며,

$$\frac{d^2 T}{dt^2} + gk\tanh kh\, T = 0 \tag{11}$$

따라서 다음과 같이 원진동수 ω를 도입하면,

$$\omega^2 = gk\tanh kh \tag{12}$$

일반성을 잃지 않고 식 (11)의 해를 다음과 같이 쓸 수 있다.

$$T = e^{-i\omega t} \tag{13}$$

위에서 얻은 결과인 식 (10), (13)을 식 (5)의 가정에 대입하면 다음을 얻는데,

$$\phi(x, y, t) = X(x)\,Y(y)\,T(t) = Re\{B\cosh k(y+h)\,e^{i(kx-\omega t)}\} \tag{14}$$

여기서 Re은 실수부를 뜻하고, B는 아직 정해지지 않은 복소 상수이다.
이제 식 (4)에 식 (14)를 대입하면 다음을 얻으므로,

$$\eta = -Re\frac{B}{g}X(x)\,Y(0)\frac{dT}{dt} = Re\frac{iB\omega\cosh kh}{g}\,e^{i(kx-\omega t)} = A\cos(kx-\omega t) \tag{15}$$

따라서 $B = -\dfrac{igA}{\omega\cosh kh}$가 되어야 하며, 이를 식 (14)에 대입하여 최종적으로 속도 포텐셜에 대한 다음 결과를 얻는다.

$$\phi(x, y, t) = -Re\left\{\frac{igA}{\omega}\frac{\cosh k(y+h)}{\cosh kh}e^{i(kx-\omega t)}\right\} = \frac{gA}{\omega}\frac{\cosh k(y+h)}{\cosh kh}\sin(kx-\omega t) \tag{16}$$

유한 수심(finite water depth)에 대한 분산관계식은 식 (12)로 주어지며, 속도포텐셜은 y에 대한 종속성만 무한 수심의 경우와 달라지는 것을 알 수 있다. $h\to\infty$일 때, 다음을 고려하면,

$$\frac{\cosh k(y+h)}{\cosh kh} = \frac{\cosh ky \cosh kh + \sinh ky \sinh kh}{\cosh kh} = \cosh ky + \sinh ky = e^{ky} \tag{17}$$

무한 수심에 대한 결과를 다시 얻게 되는 것을 알 수 있다. 물론 분산관계식인 식 (12)도 $h\to\infty$이면 $\omega^2 = gk$가 되므로 앞 장에서 얻었던 결과 식 (3-19)를 다시 얻는다.

속도포텐셜의 식 (16), 분산관계식인 식 (12)를 사용하면 앞 장에서 수심이 무한한 경우의 수면파에 대해 구했던 위상속도, 군속도, 속도장, 압력장, 궤적 등을 거의 같은 방법으로 구할 수 있으며, 강이나 항구 또는 운하 등에서의 파도에 대해서는 이렇게 얻어진 결과들을 사용해야 한다. 한 가지 유의할 점은 수심이 유한하다, 유한하지 않다는 구분은 수심의 절대적인 크기 자체보다도, kh 즉 수심과 고려 중인 파도의 파장과의 상대적인 크기에 따라 결정된다는 점이다.

4.2 수면파의 물리적 특성

먼저 위상속도를 구하기 위해 위상속도의 제곱을 생각하고, 분산관계식인 식 (12)를 사용하면 다음을 얻는데

$$c^2 = \frac{\omega^2}{k^2} = \frac{gk\tanh kh}{k^2} = \frac{g}{k}\tanh kh = \frac{g}{2\pi}\lambda\tanh\left(2\pi\frac{h}{\lambda}\right) \tag{18}$$

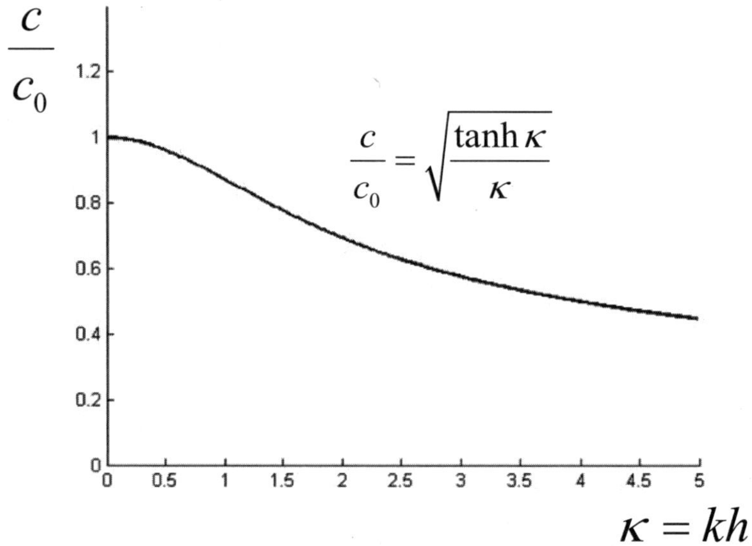

그림 4-2 수심과 파장의 비에 따른 위상속도와 임계속도의 비

이 식에 따르면, 위상속도는 파장만의 함수가 아니라, 수심의 함수이기도 한 점을 알 수 있다(그림 4-2 참조). $\tanh\pi = 0.996$ 이므로, 수심이 파장의 반인 경우에는 수심의 영향이 거의 없을 것이며, 따라서 수심이 파장의 반보다 작은 경우에는 수심의 영향을 고려해야 할 것이다.

식 (18)은 양변을 gh로 나누어 다음과 같이 정리할 수 있는데,

$$\frac{c^2}{gh} = \frac{\tanh kh}{kh} \tag{19}$$

kh는 무차원량이므로, gh는 속도의 제곱에 상응하는 차원을 가진 양이며, 따라서 다음과 같이 정의하면,

$$c_0 = \sqrt{gh} \tag{20}$$

식 (19)는 다음과 같이 바꾸어 쓸 수 있다.

$$\frac{c^2}{c_0^2} = \frac{\tanh kh}{kh} \tag{21}$$

한편 식 (21)의 우변은 항상 1보다 작은 양이므로 결국 어떤 경우에도 다음 식은 성립해야 한다.

$$c < c_0 = \sqrt{gh} \tag{22}$$

이 식에 따르면 수심이 h인 영역에서 위상속도의 최대치는 $c_0 = \sqrt{gh}$보다 클 수 없으며, 따라서 c_0를 통상 임계속도라고 부른다.

$kh = \kappa$라고 하면, 식 (21)은 다음과 같이 다시 쓸 수 있으며,

$$\frac{c}{c_0} = \sqrt{\frac{\tanh kh}{kh}} = \sqrt{\frac{\tanh \kappa}{\kappa}} \tag{23}$$

한편 κ가 1보다 대단히 작은 경우에는, 예를 들어 $\kappa < \frac{\pi}{10}$인 경우에는, 연습문제 4-4에서 얻는 바대로 다음과 같이 근사할 수 있으므로,

$$\frac{\tanh \kappa}{\kappa} \simeq 1 - \frac{\kappa^2}{3} \tag{24}$$

이 결과를 식 (23)에 대입하여 다음을 얻는다.

$$\frac{c}{c_0} \simeq 1 - \frac{\kappa^2}{6} \tag{25}$$

이 식 우변의 두 번째 항을 무시해도 그 오차는 1.64% 미만이므로, 따라서 $\kappa < \dfrac{\pi}{10}$ 인 경우에 대해서는 다음과 같이 쓸 수 있으며,

$$c \simeq c_0 = \sqrt{gh} \tag{26}$$

이런 경우에는 파도의 파장에 따라 위상속도가 변화하지 않는 비분산성(nondispersive) 파도임을 알 수 있다.

다시 말하면 $\kappa < \dfrac{\pi}{10}$ 인 경우에는 파도의 위상속도를 파장에 관계없이 임계속도로 근사할 수 있다. 이 식의 대표적인 적용 사례는 해저 지진에 의해 발생하는 쓰나미[1] (tsunami)를 들 수 있는데, 쓰나미는 대양에서 전파할 때는 파장이 보통 수십 수백 km에 달하므로, 대부분의 해역에 대해 $\kappa < \dfrac{\pi}{10}$ 이라고 볼 수 있으며, 따라서 쓰나미의 위상속도는 임계속도가 되는데, 예를 들어 수심이 1000 m인 경우, 위상속도는 100 m/s, 즉 360 km/h가 되어 대단히 빠른 속도로 전파한다.

수심이 유한한 영역의 수표면파의 군속도를 구하기 위해, 식 (3-45)로 주어지는 군속도의 정의를 사용하기 위해 먼저 식 (12)의 분산관계식을 k에 대해 미분하여 다음을 얻으므로,

$$2\omega \frac{d\omega}{dk} = g \tanh kh + gkh \,\mathrm{sech}^2 kh \tag{27}$$

따라서 다음 결과를 얻는다.

$$c_g = \frac{d\omega}{dk} = \frac{g}{2\omega}\left(\tanh kh + kh \,\mathrm{sech}^2 kh\right) \tag{28}$$

1) 쓰나미는 국제 공용어로, 원래는 일본어의 津波(tsunami)에서 나온 말이며, 津波는 항구에서 나타나는 파도라는 뜻으로, 이러한 명칭은 쓰나미가 해안가에 와서야 그 크기가 대단히 커져 그러한 파도가 발생했음을 항구에서나 알게 된 경험에 유래한다.

여기서 우변의 $\frac{g}{\omega}$ 는 분산관계식을 이용하여 다음과 같이 바꾸어 쓸 수 있으며,

$$\frac{g}{\omega} = \frac{g\omega}{\omega^2} = \frac{g\omega}{gk\tanh kh} = \frac{c}{\tanh kh} \tag{29}$$

식 (29)를 식 (28)에 대입하고 양변을 c로 나누어 다음 결과를 얻는다.

$$\frac{c_g}{c} = \frac{1}{2}\left(1 + \frac{kh}{\sinh kh \cosh kh}\right) = \frac{1}{2}\left(1 + \frac{2\kappa}{\sinh 2\kappa}\right) = D(\kappa) \tag{30}$$

그림 4-3에 보인 바와 같이 식 (30)의 $D(\kappa)$는 1과 $\frac{1}{2}$ 사이에 있으므로, 유한 수심에서의 군속도는 위상속도의 반보다는 항상 크며, $\kappa \to \infty$ 인 경우 무한 수심에 대한 결과인 식 (3-45)의 $c_g = \frac{c}{2}$ 를 다시 얻는다.

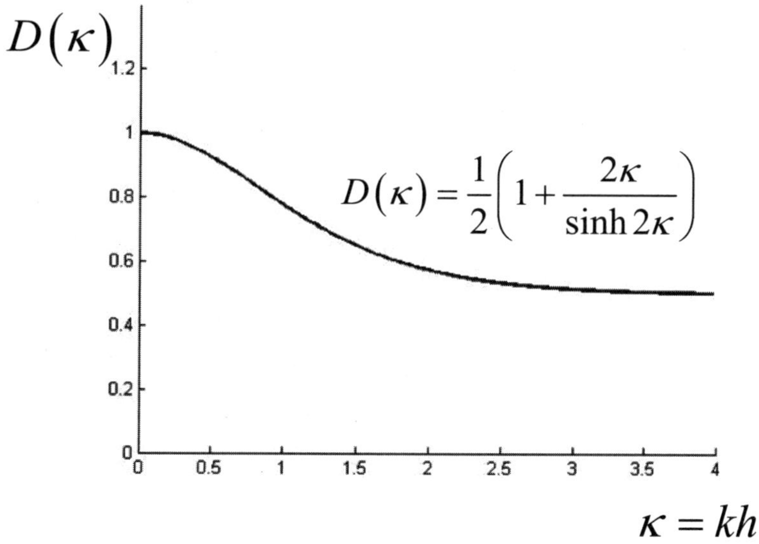

그림 4-3 군속도와 위상속도의 비, $D(\kappa)$

한편 κ가 1보다 대단히 작은 경우에는, 예를 들어 $\kappa < \frac{\pi}{10}$인 경우에는, 연습문제 4-4에서 보인 바대로 다음과 같이 근사할 수 있으므로,

$$\frac{2\kappa}{\sinh 2\kappa} \simeq 1 - \frac{2\kappa^2}{3} \tag{31}$$

이 식 우변의 두 번째 항을 무시해도 6.6% 미만의 오차를 범하게 될 것이다. 따라서 $\kappa < \frac{\pi}{10}$인 경우에 대해서는 다음과 같이 쓸 수 있으며,

$$c_g \simeq c = c_0 = \sqrt{gh} \tag{32}$$

따라서 파도의 군속도 역시 위상속도와 마찬가지로 임계속도가 됨을 알 수 있다.

위의 결과를 종합하면, $\kappa > \pi$일 경우에는 수심이 무한한 것으로 보아도 큰 오차가 없을 것이며, 이와 같은 경우는 무한 수심(deep water)이라고 부른다. 한편 $\kappa < \frac{\pi}{10}$인 경우는 천수(shallow water)라고 부르며, 이 경우에는 수면파의 위상속도와 군속도가 모두 임계속도로 보아도 좋다. 따라서 실제로 수심의 영향을 고려하여 파도의 파장, 위상속도, 또는 군속도 등을 구해 주어야 하는 유한 수심(finite water depth)은 $\frac{\pi}{10} < \kappa = kh < \pi$인 영역이며, 이 영역에 대해서는 주어진 수심, 원진동수에 상응하는 파장, 또는 파수를 구하기 위해서는 식 (12)의 분산관계식을 풀어야 한다.

수심과 원진동수가 주어졌을 때, 식 (12)를 풀어 파수 k를 구하기 위해서는 통상 반복법(iteration)을 사용하는데, 여기서는 가장 많이 쓰는 방법 두 가지를 소개한다.

첫 번째는 식 (12) 자체를 반복자(iterator)로 만들어 반복에 의해 구하는 방법으로, 먼저 $k_0 = \frac{\omega^2}{g}$라고 하면, 식 (12)를 다음과 같이 쓸 수 있다.

$$k_{n+1} = \frac{\omega^2}{g}\frac{1}{\tanh k_n h} = \frac{k_0}{\tanh k_n h}, \quad n = 0, 1, 2, \cdots , \tag{33}$$

위 식이 수렴하는 결과를 주면, $k = \lim_{n \to \infty} k_n$ 으로부터 구하고자 하는 k의 값을 얻을 수 있으며, 대개 4-5회의 반복으로 수렴하는 값을 얻을 수 있다.

tanh 함수의 값은 항상 1보다 작으므로, 식 (33)으로부터 $k > k_0$ 임을 알 수 있고, k_0는 무한 수심에서 주어진 진동수에 상응하는 파도의 파수이므로, 수심이 감소하면 파수가 증가하며, 즉 수심 감소에 따라 파장이 짧아지는 것을 알 수 있다.

두 번째 방법은 Newton 반복법을 사용하는데, 먼저 식 (12)를 다음과 같이 바꾸어 쓰고,

$$f(k) = \frac{k_0}{k} - \tanh kh = 0 \tag{34}$$

$f(k)$의 영(zero)을 구하기 위해 다음과 같은 직선의 방정식을 사용하기로 하면(그림 4-4 참조),

$$\xi - f(k_n) = f'(k_n)(k - k_n) \tag{35}$$

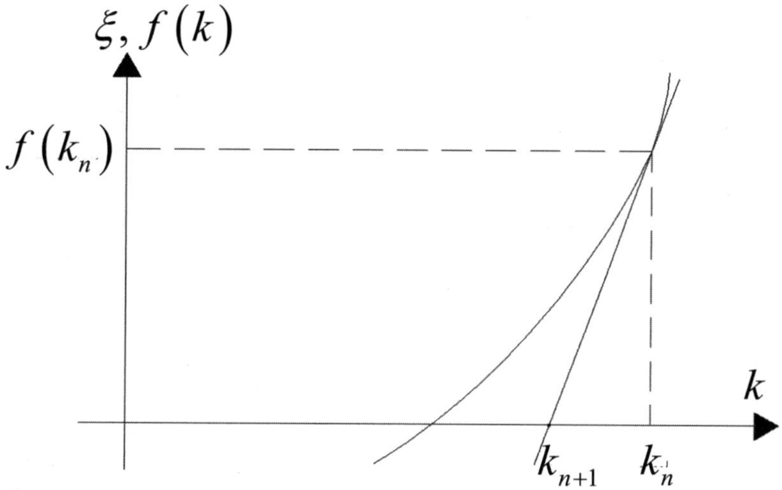

그림 4-4 Newton 반복법에 대한 개념도

주어진 k_n에 대해 다음 번 근사 k_{n+1}은 $\xi = 0$에 의해서 주어지므로 반복자를 다음과 같이 얻으며,

$$k_{n+1} = k_n - \frac{f(k_n)}{f'(k_n)}, \quad n = 0, 1, 2, \cdots \tag{36}$$

여기서도 역시 $k_0 = \frac{\omega^2}{g}$을 사용하기로 한다. 위 식이 수렴하는 결과를 주면, $k = \lim_{n \to \infty} k_n$으로부터 구하고자 하는 k의 값을 구할 수 있으며, 대개 2-3회의 반복으로 수렴하는 값을 얻을 수 있다. 위의 식 (35)에서 $f'(k) = \frac{df}{dk}$는 다음과 같다.

$$\frac{df}{dk} = -\frac{k_0}{k^2} - h\,\mathrm{sech}^2\,kh \tag{37}$$

앞에서 구한 식 (16)의 속도포텐셜에 식 (12)의 분산관계식을 사용하여 속도 벡터는 다음과 같이 구할 수 있다.

$$\underline{u} = \nabla\phi(x, y, t) = \frac{\omega A}{\sinh kh}(\cos\Theta \cosh k(y+h),\ \sin\Theta \sinh k(y+h)) \tag{38}$$

무한 수심의 경우와는 달리 x방향 속도 성분과 y방향 속도 성분의 y에 대한 종속성이 다른 것을 알 수 있으며, 바닥 조건 때문에 바닥에서는 유체 입자가 수평 방향으로 움직이고 있는 것을 확인할 수 있다(그림 4-6 참조).

또 속도의 크기는 다음과 같은데,

$$|\underline{u}| = \frac{\omega A}{\sinh kh}\sqrt{\cos^2\Theta \cosh^2 k(y+h) + \sin^2\Theta \sinh^2 k(y+h)} \tag{39}$$

여기서 $\xi = k(y+h)$ 라고 하고, 또 $\cos^2\Theta + \sin^2\Theta = 1$, $\cosh^2\xi - \sinh^2\xi = 1$ 임을 이용하여 다음을 얻으므로,

$$\begin{aligned}\cos^2\Theta\cosh^2\xi + \sin^2\Theta\sinh^2\xi &= \cos^2\Theta\cosh^2\xi + (1-\cos^2\Theta)\sinh^2\xi \\ &= \cos^2\Theta + \sinh^2\xi = \cosh^2\xi - \sin^2\Theta\end{aligned} \tag{40}$$

이 결과를 식 (39)에 대입하여 다음 결과를 얻는다.

$$|\underline{u}| = \frac{\omega A}{\sinh\kappa}\sqrt{\cos^2\Theta + \sinh^2\xi} = \frac{\omega A}{\sinh\kappa}\sqrt{\cosh^2\xi - \sin^2\Theta} \tag{41}$$

이 식에 따르면, 속도의 크기는 바닥에서 $|\cos\Theta|$와 같은 위상을 가지므로, 파정과 파저의 아래에서 각각 최대치 $\dfrac{\omega A}{\sinh\kappa}$ 가 됨을 알 수 있다.

유동장 내부의 압력 p는 비정상 유동에 대한 Bernoulli 방정식, 식 (2-29)에서 비선형항을 무시하고, 수동압을 식 (3-38)과 같이 정의하여 사용하기로 하면, 식 (3-39)에 속도포텐셜인 식 (16)을 대입하여 다음 결과를 얻는다.

$$\frac{p_d}{\rho} = -\frac{\partial\phi}{\partial t} = gA\frac{\cosh k(y+h)}{\cosh\kappa}\cos\Theta = g\eta\frac{\cosh\xi}{\cosh\kappa} \tag{42}$$

이 식에 따르면 무한 수심의 경우와 같이 수면파가 있을 때 물속에서의 수동압은 수면파와 같은 위상을 가지며, 수면파의 상승에 따른 수정압의 변화인 $\rho g\eta$에 $\dfrac{\cosh\xi}{\cosh\kappa}$ 를 곱한 만큼의 크기를 가진다(그림 4-5 참조). 또한 $y = 0$ 에서는 수동압이 무한 수심인 경우와 동일하게 $\rho g\eta$ 이며, 바닥에서는 $\rho g\eta$ 에 $\mathrm{sech}kh$ 를 곱한 만큼의 크기를 가지는 것을 알 수 있다.

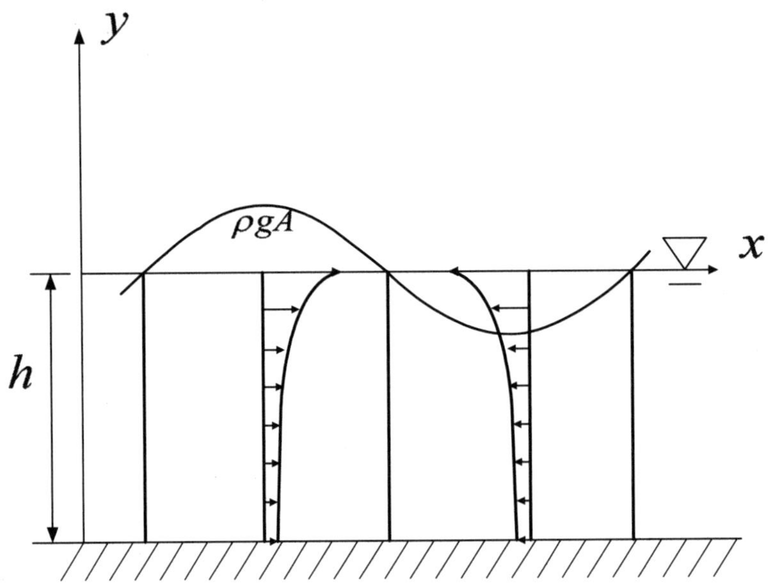

그림 4-5 수동압의 변화

유한 수심의 경우에 대해 유체 입자의 궤적을 구하기 위해 다음을 생각한다. 먼저 무한 수심에 대해서와 같은 방법을 사용하고 x방향 속도 성분 u에 대해 식 (35)를 대입하여 다음의 근사적 결과를 얻는데,

$$X - x \simeq \int u(x,y,t)dt = -\frac{A\cosh\xi}{\sinh\kappa}\sin(kx-\omega t) \tag{43}$$

또한 y방향에 대해서도 같은 방법으로 다음 결과를 얻는다.

$$Y - y \simeq \int v(x,y,t)dt = \frac{A\sinh\xi}{\sinh\kappa}\cos(kx-\omega t) \tag{44}$$

$a = \dfrac{A}{\sinh\kappa}$ 라고 하고, 식 (43)을 $a\cosh\xi$로 나눈 값과 식 (44)를 $a\sinh\xi$로 나눈 값을 각각 제곱하여 더한 뒤 $\cos^2\Theta + \sin^2\Theta = 1$임을 이용하면 유체 입자의 운동 궤적에 대해 다음 결과를 얻는다.

$$\frac{(X-x)^2}{(a\cosh\xi)^2}+\frac{(Y-y)^2}{(a\sinh\xi)^2}=1 \tag{45}$$

이 식은 중심이 (x,y)에 있으며, x-반경이 $a\cosh\xi$, y-반경이 $a\sinh\xi$인 타원의 방정식이므로, 수면파가 진행할 때 물 속의 유체 입자는 근사적으로 평형점을 중심으로 타원운동을 함을 알 수 있다(그림 4-6 참조). 식 (45)에 따르면, x-반경이 항상 y-반경보다 큰 것을 알 수 있고, $y=0$에서는 x-반경이 $\frac{A}{\tanh\kappa}$, y-반경이 A인 타원이며, 바닥에서는 y-반경이 영이므로, x방향으로만 직선적으로 $\pm\frac{A}{\sinh\kappa}$만큼 움직이는 것을 알 수 있다.

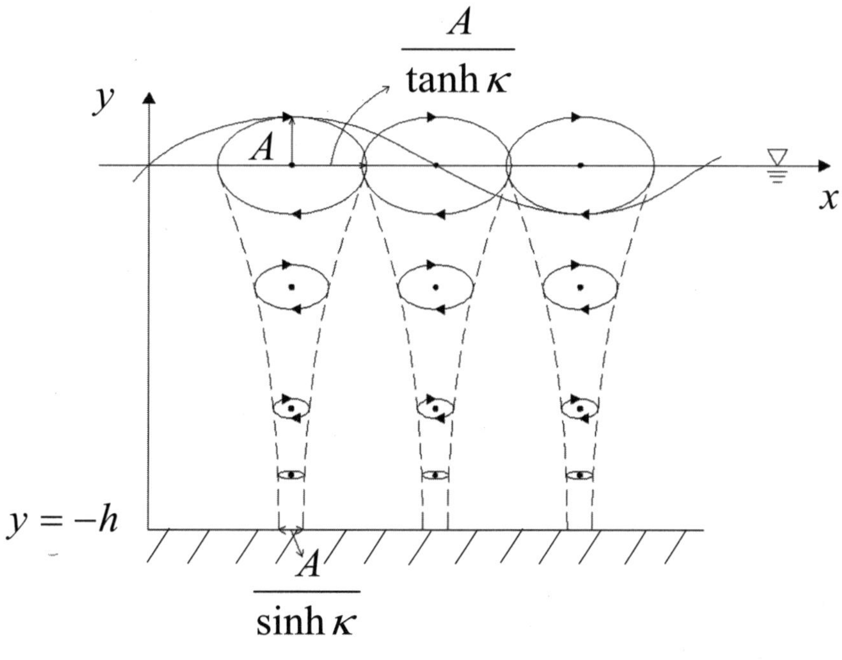

그림 4-6 유체 입자의 궤적

연습문제

4-1. 식 (33), (36)을 사용하여 $h = 50\ m$, $\omega = 0.5\ rad/s$ 인 경우에 대해 파장과 kh, 위상속도, 군속도를 각각 구하고, 두 가지 방법의 장단점에 대해 논하시오.

4-2. $h = 50\ m$인 해역에서 $\omega = 0.5\ rad/s$, $A = 3\ m$인 상태로 진행하는 수면파에 대해, 속도 벡터, 속도 벡터의 크기, 수동압, 위상속도, 군속도, 유체 입자의 궤적 등을 구하시오.

4-3. $\sinh x$, $\tanh x$의 Taylor 급수를 구하고, 식 (24), (31)의 결과를 유도하시오.

Chapter 5

선박의 조파저항

5.1 파도의 에너지

무한 수심으로 볼 수 있는 영역의 수표면에서 파도가 진행하고 있을 때, 이 파도가 가지는 에너지를 구하기 위해 다음을 생각하자. 수면파가 가지는 에너지는 운동에너지(kinetic energy)와 위치에너지(potential energy)로 이루어지는데, 먼저 한 파장의 수면파가 갖는 운동에너지 E_K는 식 (3-35)와 무한 수심에 대한 분산관계식인 식 (3-19)를 사용하여 다음과 같이 얻을 수 있다(그림 5-1). $dE_K = \frac{1}{2}(\rho dxdy)|\underline{u}|^2$이므로,

$$E_K = \frac{1}{2}\rho\int_0^\lambda\int_{-\infty}^0 |\underline{u}|^2 dxdy = \frac{1}{2}\rho\omega^2 A^2 \lambda \frac{1}{2k} = \frac{1}{4}\rho g A^2 \lambda \tag{1}$$

따라서 단위 길이 당 평균 운동에너지 $\overline{E_K} = \frac{E_K}{\lambda}$는 다음과 같다.

$$\overline{E_K} = \frac{1}{4}\rho g A^2 \tag{2}$$

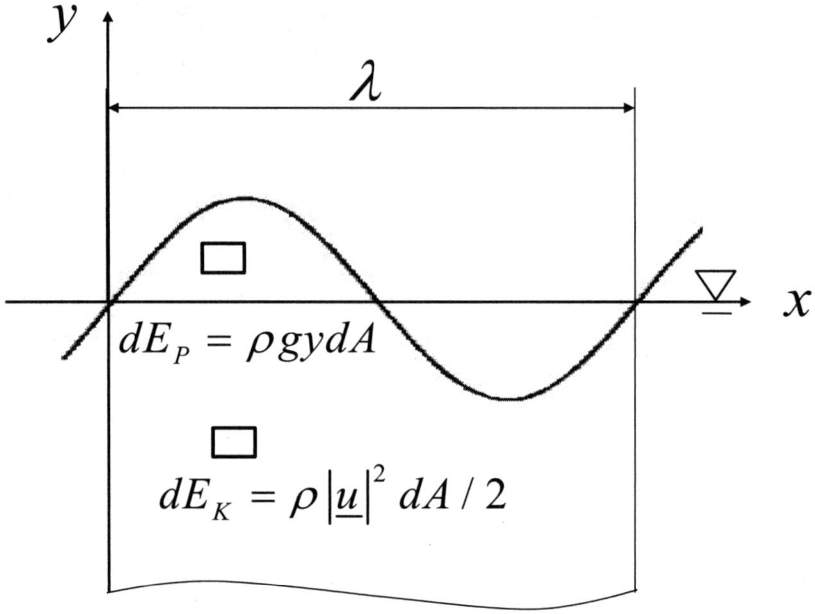

그림 5-1 수면파의 에너지

한편 한 파장의 수면파가 갖는 위치에너지 E_P는 $dE_P = (\rho dxdy)gy$ 이므로, 다음과 같이 얻을 수 있으며(연습문제 5-1),

$$E_P = \rho g \int_0^{\lambda} \int_0^{\eta} y\, dxdy = \frac{1}{2}\rho g \int_0^{\lambda} \eta^2 dx = \frac{1}{4}\rho g A^2 \lambda \tag{3}$$

단위 길이 당 평균 위치에너지 $\overline{E_P} = \dfrac{E_P}{\lambda}$ 는 다음과 같다.

$$\overline{E_P} = \frac{1}{4}\rho g A^2 \qquad (4)$$

위의 식 (1)에서는 y에 대한 적분 구간이 $(-\infty,0)$임에 반하여, 식 (3)에서는 적분 구간이 $(0,\eta)$인 것은 위치에너지의 경우에는 파도의 유무와 상관없이 구간 $(-\infty,0)$의 위치에너지는 항상 존재하는 것으로 볼 수 있기 때문이다.

식 (2)와 (4)에 따르면 단위 길이 당의 평균 에너지는 운동에너지와 위치에너지가 같은 크기를 가지며, 이러한 사실을 에너지의 등분(equi-partition of energy)이라고 칭한다. 또한 수면파의 단위 길이 당 평균 에너지 $\overline{E}$는 다음과 같다.

$$\overline{E} = \frac{1}{2}\rho g A^2 \qquad (5)$$

이 식에 따르면 $\overline{E}$는 수면파를 나타내는 매개변수 중 오직 A에만 의존하며, A^2에 비례한다.

한 파장의 파도가 가지고 있는 에너지는 따라서 파장에 비례하고, 진폭의 제곱에 비례하므로, 파장이 길수록, 그리고 진폭이 클수록 파도는 많은 에너지를 가지고 있다. 역설적으로는 길고 높은 파도를 만들기 위해서는 그에 상응하는 만큼의 많은 에너지를 물에 가해 주어야만 그러한 파도가 만들어 질 것이다. 파도의 진폭이 증가하다 보면 교란되지 않은 수표면으로부터 파정까지의 거리와 파저까지의 거리가 같지 않게 되므로, 진폭의 개념을 포기할 수밖에 없으며, 일반적으로 파저에서 파정까지의 거리인 파고(waveheight) H를 파도의 크기를 재는 척도로 삼게 된다. 한편, 심해에서는 통상 H/λ가 $\frac{1}{7}$보다 크면 쇄파(breaking wave) 영역에 속하는 것으로 알려져 있으므로, 파고는 파장에 비례하는 일정한 한계치 이상 더 증가할 수 없다. 따라서 실제적으로는 파장이 길어지면 파고 또한 그에 상응하여 증가할 수 있으므로, 파장이 꽤 긴 쇄파 직전의 파도들은 일반적으로 파장의 3승에 비례하는 크기의 에너지를 가질 수 있음을 알 수 있다.

5.2 2차원 선박의 조파저항

이 절에서는 먼저 약간 가상적이기는 하지만 2차원 선박의 조파저항(wavemaking resistance)에 대해 고찰함으로써 조파저항의 본질에 대해 이해하고, 또한 소위 조파저항의 최후 최대치(last hump)에 대한 결과를 얻은 뒤, 실제 선박의 경우에 대해 간략하게 생각해 본다.

그림 5-2에 보인 바와 같은 2차원 선박이 일정 속도 U로 전진할 때, 배에서 상당히 떨어진 상류와 하류에 각각 경계면을 설치하고, 경계면 사이의 유체에 대해 일-에너지 원리(work-energy principle)를 적용하여 배가 받는 조파저항을 구해보자. 일-에너지 원리에 따르면 단위 시간 당 배가 유체에 대해 한 일과 경계면을 통해서 고려 중인 영역으로 들어오고 나간 에너지의 총합의 합은 영역 내부의 에너지 증가량과 같아야 한다.

첫 번째로, 배가 일정한 속도로 움직일 때, 유체의 점성을 무시하면 저항은 조파저항밖에 없으므로, 배가 유체에 대해 한 단위 시간 당 일 W는 배가 받는 조파저항 R_w과 배의 속도 U의 곱으로 주어진다. 두 번째로 경계면을 통해 고려 중인 영역으로 들어온 에너지는 이 경우, 상류 경계면을 통해서는 에너지 유입이 없으므로 하류 경계면을 통해서 유입되는 에너지밖에 없으며, 단위 시간 당 유입 에너지 E는 단위 길이 당 파도의 평균 에너지 $\overline{E}$와 파도의 에너지 전파 속도 c_g의 곱으로 주어진다. 세 번

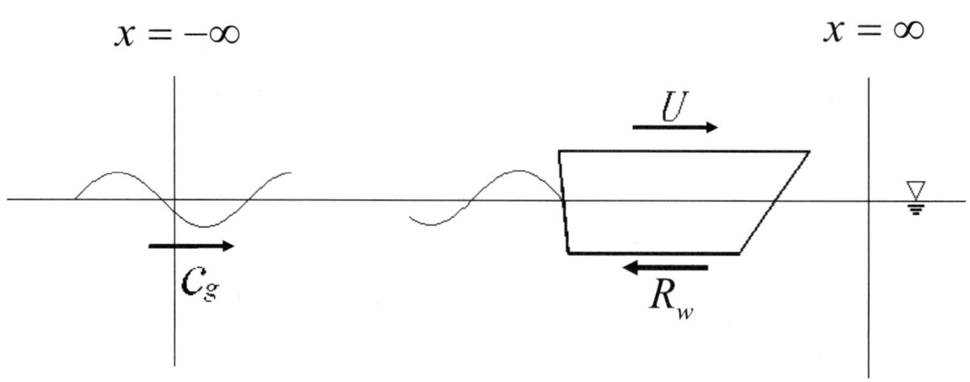

그림 5-2 2차원 선박에 대한 일-에너지 원리의 적용

째로 경계면 사이의 영역 내부의 단위 시간 당 에너지 증가는 배의 속도에 해당하는 만큼 배 뒤쪽 파계의 길이가 증가한 것에 기인하며, 파계의 길이는 단위 시간 당 배의 속도만큼 증가하므로, 단위 시간 당 영역 내부의 에너지 증가 ΔE는 단위 길이 당 파도의 평균 에너지 $\overline{E}$와 배의 속도 U의 곱으로 주어진다. 위에서 논의한 결과를 종합하면 다음 결과를 얻는다.

$$R_w U + \overline{E}\, c_g = \overline{E}\, U \tag{6}$$

한편 배에 의해 만들어지는 파도를 배에서 볼 경우 항상 같은 모습으로 보인다는 것을 생각하면, 배와 함께 움직이는 파도의 위상속도 c는 배의 속도 U와 같아야 할 것이며, 수심이 무한할 경우 c_g는 식 (3-45)에 보인 것과 같이 $c/2$이므로 이들을 식 (6)에 대입하여 정리하면 다음을 얻는다.

$$R_w = \overline{E}\left(1 - \frac{c_g}{c}\right) = \frac{1}{2}\overline{E} = \frac{1}{4}\rho g A_\infty^2 \tag{7}$$

여기서 A_∞는 하류 경계면을 통과하여 경계면 안쪽으로 유입되는 파도의 진폭이다. 식 (7)에 따르면 조파저항을 구하기 위해서는 하류 경계면에 생성되는 파도의 진폭 A_∞를 알아야 하는데, A_∞는 배의 기하학적 형상과 배의 속도에 따라 결정된다.

2차원 선박의 형상을 근사적으로 선수에 위치한 용출점(point source)과 선미에 위치한 같은 세기의 흡입점(point sink)으로 나타내기로 하자(그림 5-3 참조). 용출점에 기인하는 파도의 하류 경계면에서의 진폭을 A라고 하면 그 파도를 $A\cos(kx-\omega t) = A\cos\Theta$로 가정할 수 있다. 그러면 배의 길이를 L이라고 할 때, 같은 세기의 흡입점에 기인하는 파도는 x 대신에 $x+L$을 사용하여, 선미를 기준으로 하는 파도로 바꾸어 생각하면 $-A\cos\{k(x+L)-\omega t\} = -A\cos(\Theta+kL)$로 나타낼 수 있으므로, 이들을 더하여 용출점-흡입점 조합으로 근사된 2차원 선박에 기인하는 하류 경계면에서의 파도는 다음과 같이 얻는다.

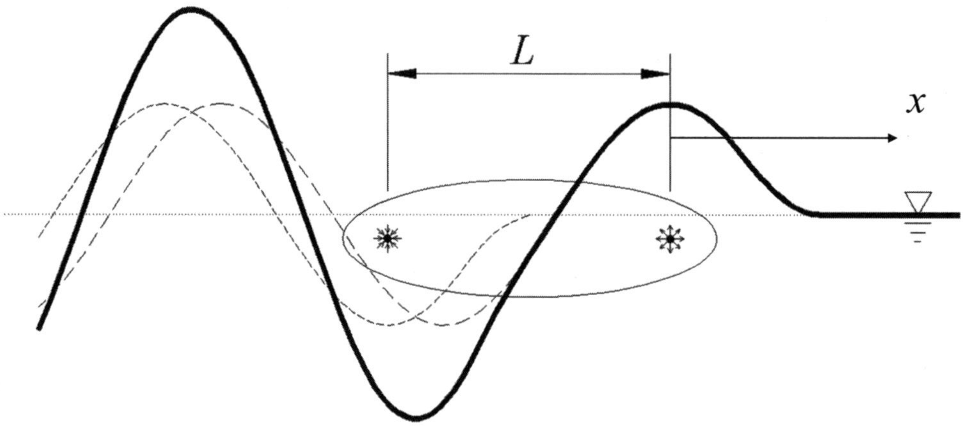

그림 5-3 용출점-흡입점으로 대체된 2차원 선박과 파계

$$\begin{aligned}\eta &= A\cos(kx-\omega t)-A\cos\{k(x+L)-\omega t\} \\ &= A\cos\left(\Theta+\frac{kL}{2}-\frac{kL}{2}\right)-A\cos\left(\Theta+\frac{kL}{2}+\frac{kL}{2}\right) \\ &= 2\sin\frac{kL}{2}\sin\left(\Theta+\frac{kL}{2}\right)\end{aligned} \tag{8}$$

이 식의 마지막 표현에 따르면 두 번째 sine 함수의 자변수가 x축으로 $-\frac{L}{2}$만큼 평행 이동된 형태이므로, 중첩된 파도는 원점이 배의 중앙에 위치한 sine 파도로 주어지며, 그 진폭 즉 A_∞는 다음과 같다.

$$A_\infty = 2A\sin\frac{kL}{2} \tag{9}$$

이 결과를 식 (7)에 대입하여 다음과 같이 조파저항을 얻는다.

$$R_w = \rho g A^2 \sin^2 \frac{kL}{2} \tag{10}$$

여기서 k는 $c = U$ 라는 위상속도를 갖는 파도의 파수이므로, 식 (3-34)를 사용하여 다음 결과를 얻는다.

$$kL = \frac{gL}{U^2} = \frac{1}{Fn^2} = 2\pi \frac{L}{\lambda} \tag{11}$$

Fn(Froude수, Froude number)는 다음과 같이 정의되며,

$$Fn \equiv \frac{U}{\sqrt{gL}} = \sqrt{\frac{1}{2\pi}\frac{\lambda}{L}} \tag{12}$$

식 (12)에 따르면 Fn의 제곱은 배에 의해 상당히 먼 하류 쪽에 만들어지는 파도의 파장과 배의 길이의 비를 2π로 나눈 값임에 유의한다. 다시 말하면 Fn는 배의 속도가 얼마나 빠른가에 대한 척도로 통상 생각하지만, 파도 또는 조파저항과 관련하여서는 배가 만들어내는 수면파의 파장과 배의 길이의 비를 나타내는 척도로 보아야 함을 알 수 있다.

또 조파저항 계수 C_w를 다음과 같이 정의하고,

$$C_w = \frac{R_w}{\rho g A^2} \tag{13}$$

여기에 식 (10)을 대입하여 다음 결과를 얻는다.

$$C_w = \sin^2 \frac{1}{2Fn^2} \tag{14}$$

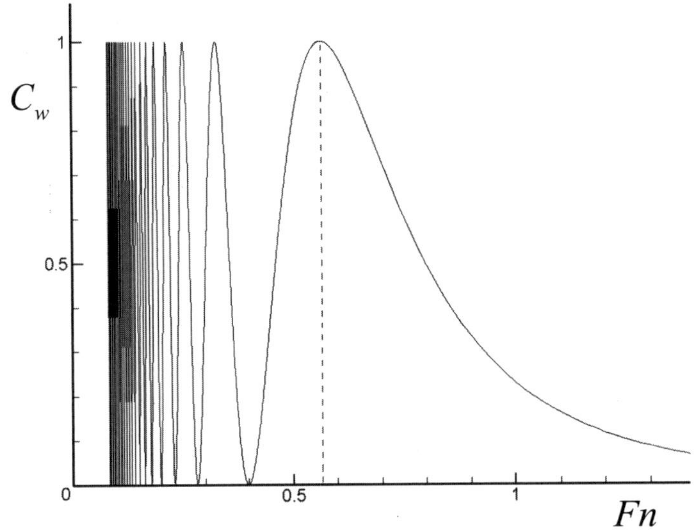

그림 5-4 Fn 에 따른 2차원 선박의 조파저항 계수

Fn에 따른 C_w의 변화를 그림 5-4에 보였다. 그림에서 보는 바와 같이 조파저항의 최후 최대치(last hump)는 $\frac{1}{2Fn^2} = \frac{\pi}{2}$, 즉 $Fn = \frac{1}{\sqrt{\pi}} \simeq 0.56$에서 발생한다. 이 경우는 식 (12)에 따르면 $L = \frac{\lambda}{2}$, 즉 선수 파계와 선미 파계의 위상차인 $kL = \pi$인 때에 해당하며, 식 (9)에 따르면 따라서 두 파계가 중첩되어 $A_\infty = 2A$인 경우이다. 따라서 조파저항은 이 Fn에서 국부 최대값을 가진다(그림 5-5 참조). 다시 말하면 속도 즉 Fn가 무한히 큰 값에서부터 감소한다고 생각할 때, 조파저항 계수의 최후 최대치는, 파도의 길이가 점점 짧아져 최초로 선수 파계와 선미 파계가 정확하게 중첩되는 경우에 상응하여 발생한다. 배의 속도가 여기서 더욱 감소하게 되면 Fn도 감소하고, 배에 의해서 만들어지는 파도의 파장도 식 (12)로부터 알 수 있는 바와 같이 Fn^2에 비례하여 감소하므로, 선수 파계와 선미 파계의 간섭에 의해 조파저항 계수는 반복적으로 국부 최대 최소값을 가지게 된다. 반면 $Fn > 0.56$인 구간에서는 조파저항 계수의 국부 최대 최소치가 발생할 수 없음을 알 수 있다.

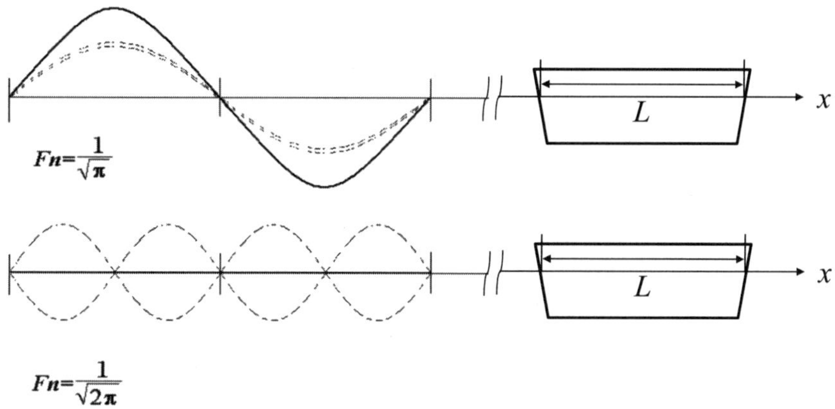

그림 5-5 선수 파계와 선미 파계의 간섭

Fn가 더욱 작아지면, 물론 그림에 보인 바와 같은 무한히 많은 최대 최소값이 발생하지만, 실제 3차원 선박의 경우에는 파도가 횡방향으로도 진행할 수 있으므로, 이와 같은 상황이 발생하지는 않을 것이다.

Fn의 감소에 따라 선수 파계와 선미 파계의 간섭의 양상이 지속적으로 변화할 것이며, $\dfrac{1}{2Fn^2} = n\pi$인 경우에는 두 파계가 서로 정확하게 상쇄되어 조파저항 계수는 국부 최소치인 영이 된다(그림 5-5 참조).

다시 말하면 다음을 얻으며,

$$Fn^2 = \frac{1}{2\pi}\frac{\lambda}{L} = \frac{1}{2n\pi} \text{ 즉 } L = n\lambda \text{ 또는 } \lambda = \frac{L}{n}, \quad n = 1,2,3,--- \qquad (15)$$

한편 $\dfrac{1}{2Fn^2} = \left(n + \dfrac{1}{2}\right)\pi$인 경우에는 두 파계가 서로 정확하게 중첩되어 조파저항 계수는 국부 최대치인 1이 되므로, 다시 말하면 다음을 얻는다.

$$Fn^2 = \frac{1}{2\pi}\frac{\lambda}{L} = \frac{1}{(2n+1)\pi} \text{ 즉 } L = \left(n+\frac{1}{2}\right)\lambda \text{ 또는 } \lambda = \frac{L}{n+\frac{1}{2}},$$

$$n = 0,1,2,--- \tag{16}$$

위에서 얻은 최후 최대치는 위의 식 (16)에서 $n=0$에 해당하는 경우임을 알 수 있다. 이상에서 2차원 선박을 용출점-흡입점 조합으로 근사, 선수 파계와 선미 파계의 상호 간섭에 의해 조파저항이 변화하는 것에 대해 고찰하였다. 파계의 간섭과 최후 최대치에 상응하는 Fn의 값 등은 3차원 선박에 대해서도 기본적으로 동일하게 적용할 수 있음에 유의한다.

5.3 2차원 수평면에서 전파하는 수면파

이 절에서는 2차원 수평면에서 전파하는 수면파에 대해 간략하게 고찰하기로 한다. 먼저 수평면을 xy 평면으로 잡고 x축에 대해 θ방향으로 전파하는 수면파를 생각하자 (그림 5-6).

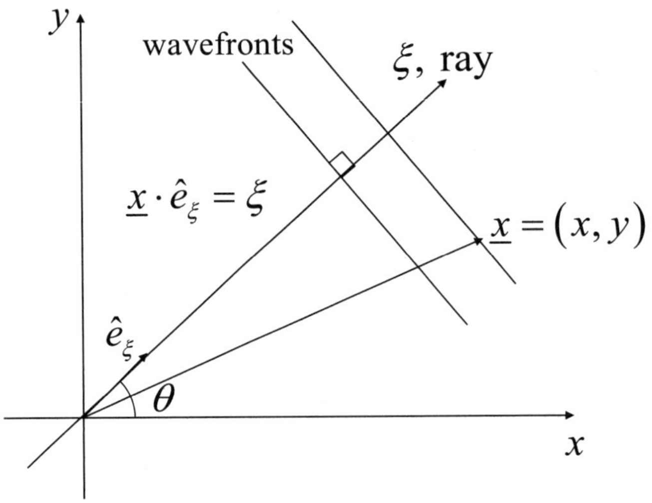

그림 5-6 2차원 수평면에서 전파하는 수면파

θ 방향의 단위 벡터를 $\hat{e}_\xi$ 라고 하고, 그 방향의 축을 ξ 로 잡으면, 고려 중인 수면파 $\zeta(x,y,t)$ 는 다음과 같이 나타낼 수 있다.

$$\zeta(x,y,t) = A\cos(k\xi - \omega t) \tag{17}$$

한편 수평면 상의 임의의 점의 위치 벡터 $\underline{x}$ 와 $\hat{e}_\xi$ 의 스칼라곱(scalar product)을 취하면 ξ 를 얻으므로, 이를 식 (17)에 대입하여 다음을 얻는다.

$$\zeta(x,y,t) = A\cos\left(k\hat{e}_\xi \cdot \underline{x} - \omega t\right) \tag{18}$$

여기서 파수 벡터(wave number vector)라고 불리는 $\underline{k}$ 를 다음과 같이 정의하면,

$$\underline{k} = k\hat{e}_\xi \tag{19}$$

식 (18)은 다음과 같이 바꾸어 쓸 수 있다.

$$\zeta(x,y,t) = A\cos\left(\underline{k} \cdot \underline{x} - \omega t\right) \tag{20}$$

이 식은 2차원 수면파의 위상 함수의 kx 가 $\underline{k} \cdot \underline{x}$ 로 바뀐 것으로 2차원 수평면 상에서 전파하는 2차원 수면파를 나타낼 수 있도록 확장된 식이다. 예를 들어 $\hat{e}_\xi = \hat{i}$ 로 취하면 식 (20)은 앞 절들에서 고려했던 2차원 수면파인 식 (3.1)로 환원되는 것을 알 수 있다.

단위 벡터 $\hat{e}_\xi = (\cos\theta, \sin\theta)$ 이므로, $\underline{k} \cdot \underline{x} = k(\cos\theta, \sin\theta) \cdot (x,y) = k(x\cos\theta + y\sin\theta)$ 를 이용하여, 식 (20)은 또 다음과 같이 쓸 수 있다.

$$\zeta(x,y,t) = A\cos\{k(x\cos\theta + y\sin\theta) - \omega t\} \tag{21}$$

한편 x방향으로 U의 속도로 진행하는 배를 생각하기 위해 다음과 같은 $x'y'$-좌표를 고려하기로 하면,

$$x' = x - Ut\,,\ y' = y, \tag{22}$$

식 (21)에 이 관계를 대입하여 움직이는 배에서 보는 수면파, 즉 $\zeta(x',y',t)$는 다음과 같다.

$$\zeta(x',y',t) = A\cos[k\{(x' + Ut)\cos\theta + y'\sin\theta\} - \omega t\} \tag{23}$$

또 이 식은 위상 함수의 공간과 시간에 대한 항을 같이 모아 다음과 같이 쓸 수 있는데,

$$\zeta(x',y',t) = A\cos\{k(x'\cos\theta + y'\sin\theta\}) - (\omega - kU\cos\theta)t\} \tag{24}$$

만약 배에서 보는 파도가 시간에 따라 변화하지 않는다고 하면 이 식으로부터 정상파(steady waves)에 대한 다음과 같은 조건을 얻는다.

$$\omega - kU\cos\theta = 0 \tag{25}$$

이 식에 따르면, 배에 의해 생성되는 파도는 2차원 수평면을 생각할 경우, 임의의 방향으로 진행할 수 있지만, 배에서 볼 때 시간에 따른 변화가 없기 위해서는 $\omega = Uk\cos\theta$를 만족해야 하며, 따라서 θ방향으로 진행하는 성분파의 위상속도 c는 다음 식을 만족해야 한다(그림 5-7 참조).

$$c = \frac{\omega}{k} = U\cos\theta \tag{26}$$

그러므로 배에 의해 생성된 파계를 구성하는 2차원 성분파의 위상속도 c는 배의 속도 U보다 작고, 따라서 그 파계는 배의 뒤쪽에 자리할 것이다.

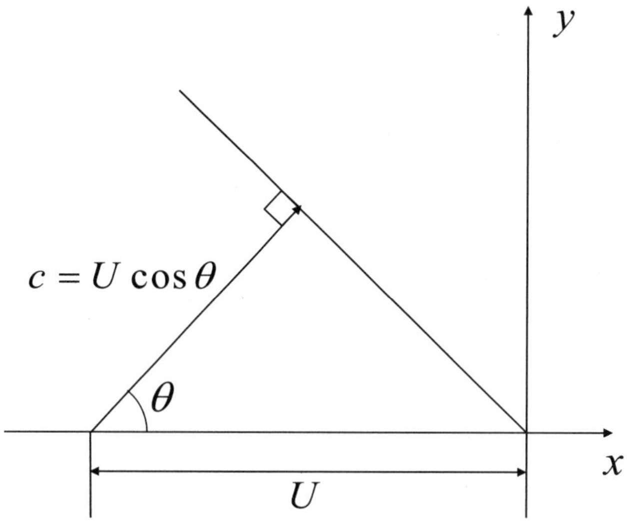

그림 5-7 2차원 성분파에 대한 정상 조건(steady condition)

식 (3-34)에서 보인 바와 같이 2차원 성분파에 대해 $c^2 = \frac{g}{k}$, 즉 $k = \frac{g}{c^2}$로 주어지므로, 여기에 식 (26)을 대입하고 $\frac{g}{U^2} = k_0$라고 하면, 다음을 얻는다.

$$k(\theta) = \frac{g}{c^2} = \frac{g}{U^2 \cos^2\theta} = k_0 \sec^2\theta \tag{27}$$

이 식에 따르면, θ방향으로 진행하는 수면파가 배에서 볼 때 시간에 따라 변화하지 않기 위해서는 그 파수가 $k_0 \sec^2\theta$가 되어야 한다. $\sec^2\theta \geq 1$이므로, $k \geq k_0$임을 알 수 있으며, 파도의 진행 방향이 x축에서 멀어질수록 k는 증가하며, 따라서 파장은 짧아진다.

Kelvin(1905)은 2차원 수면 상에서 일정한 속도로 진행하는 특이점에 의해 생성되는 수면파에 대해 위와 같은 조건과, 에너지 전파 속도인 군속도가 위상속도의 절반인 점을 고려하여, 그림 5-8에 보인 바와 같이 횡파(transverse waves)와 발산파(divergent waves)로 이루어지는 파계를 얻었다. 이와 같은 파계는 대부분의 수면 상에서 움직이는 물체들에 의해 만들어지는 것을 목격할 수 있으며, 사이각이 $19^\circ 28'$의 두 배로 주어지는 쐐기형의 물체 뒤의 영역 내에 주요한 파계가 형성되는 특징을 가지고 있다. 또한 파도의 진행 방향 $\theta < \theta_0 = 35^\circ 16'$인 파들은 그 파정선이 배의 진행 방향에 수직에 가까운 특징을 가지는 횡파를 생성하며, $\theta > \theta_0$인 파들은 발산파를 생성한다.

일반적으로 저속의 선박에 대해서는 횡파가 중요한 역할을 하고, 배의 속도가 증가하면 발산파가 중요한 역할을 하는 것으로 알려져 있다. 저속일 경우에는 k_0가 크므로, 파장이 짧아서 θ가 작은 파도 성분들 다시 말하면 횡파가 주요한 역할을 하고, 고속이 되면 발산파도 충분히 길어져서 오히려 파도의 에너지 중 많은 부분이 발산파에 속하는 파수들 성분에 집중되는 것으로 볼 수 있다.

실제 배의 경우에는 조파저항 계수를 다음과 같이 정의하는데,

$$C_w = \frac{R_w}{\frac{1}{2}\rho U^2 S_w} \tag{28}$$

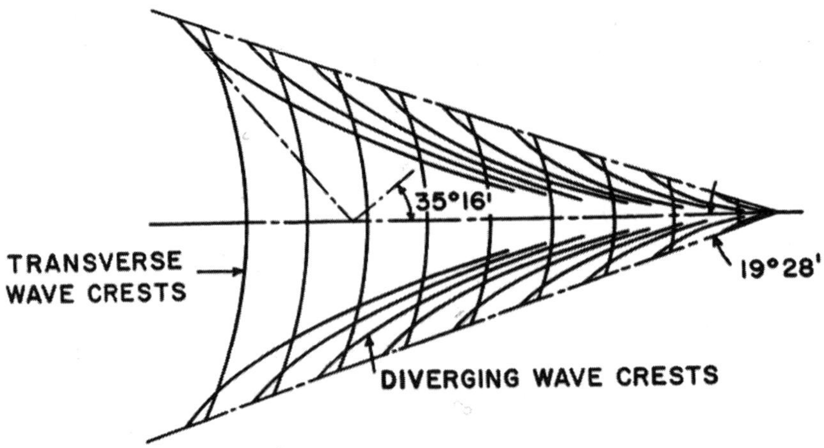

그림 5-8 수면 상의 특이점에 의해 생성된 Kelvin 파계

여기서 S_w는 배의 침수 표면적(wetted surface area)이다. 그림 5-9에는 모형선에 의해 생성된 파계의 파형(wave pattern)을 계측하여 얻은 컨테이너선의 조파저항 계수를 Fn의 함수로 보였다. 그림 5-4에서 보았던, 2차원 선박에 대한 조파저항 계수의, 선수파계와 선미파계의 간섭에 의한 국부 최대 최소값은 거의 알아 볼 수 없을 정도로 약화된 것을 볼 수 있다.

식 (28)로 정의된 조파저항 계수는 배의 기하학적 형상과 Fn의 함수로 볼 수 있다. 배의 기하학적 형상 중에서 조파저항 계수에 큰 영향을 미치는 인자는, 수선면의 도입각(entrance angle)과 선수부와 선미부의 형상, 그리고 중앙평행부(parallel middle body)의 길이 등을 들 수 있으며, Fn는 기본적으로 2차원 선박에서와 마찬가지로 선수 파계와 선미 파계의 간섭에 영향을 주며, 횡파와 발산파 중 어느 쪽에 더 많은 에너지가 포함되어 있느냐를 결정한다.

프로펠러 단면에서의 반류(wake) 또한 추진의 관점에서는 매우 중요한 요소인데, 이 단면에서의 선수 파계와 선미 파계의 간섭에 의한 파도의 영향을 초기 설계 단계에서부터 미리 잘 고려해 주어야 한다.

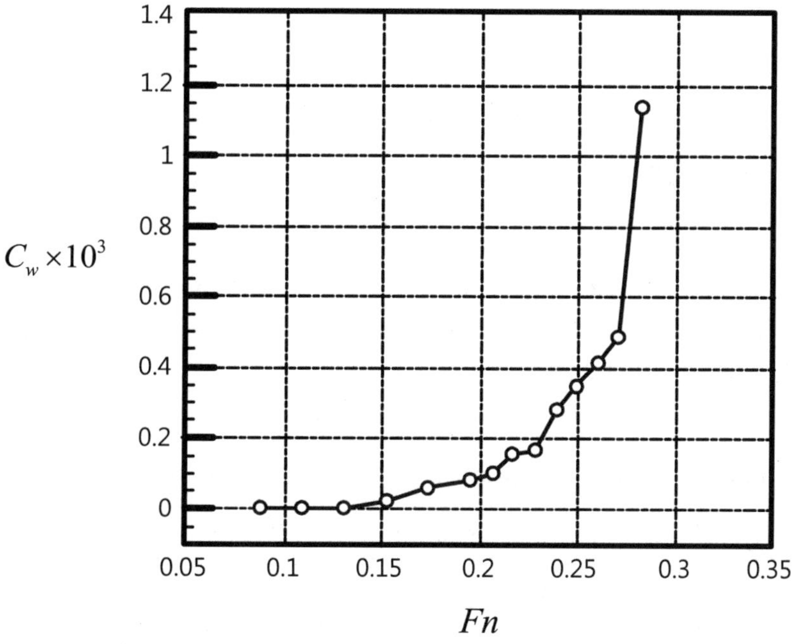

그림 5-9 모형선에 대한 파형 계측에서 얻은 컨테이너선의 조파저항 계수

위에서는 주로 물체의 운동에 의해 생성되는 먼 하류에서의 파도의 크기에 의해 조파저항을 결정하는 방법에 대해 논의하였는데, 한편 파도에 기인하여 물체의 표면에 작용하는 수동압을 구하고 이들의 배의 진행 방향 성분을 모두 더하여 조파저항을 구할 수도 있다. 패널법(panel method)이라고 부르는 수치 계산법에서는 주로 이와 같은 방법을 사용하고 있으며, 대부분의 조선소, 연구소에서는 이와 같은 방법을 사용하여 수치적으로도 조파저항을 예측하고 있다.

연습문제

5-1. $\lambda = \dfrac{2\pi}{k}$ 를 사용하여 다음 결과를 증명하시오.

$$\int_0^{\lambda} \cos^2(kx - \omega t)dx = \frac{\lambda}{2} \tag{E1}$$

5-2. 2차원 선박에 대해 균일 유동 중에 선박이 정지해 있다고 가정한 뒤, 일-에너지 원리를 적용시켜 조파저항에 대한 결과를 도출하시오.

5-3. 식 (15), (16)을 이용하여 $n = 1, 2, 3$ 인 경우에 상응하는 Fn를 구하고, 각각의 경우에 대해 선수 파계와 선미 파계의 개념도를 작성하여 두 파계의 중첩과 상쇄 현상을 확인하시오.

5-4. 실제 3차원 선박의 조파저항과 본문에서 논의한 2차원 선박의 조파저항의 가장 큰 차이점은 실제 선박의 경우, 파계가 선박의 횡방향으로도 전파해 나갈 수 있다는 점이다. 이 차이점이 조파저항에 미칠 수 있는 영향에 대해 논하시오.

Chapter 6

차원해석

6.1 서론

근대 과학의 문을 연 Galileo가 만년에 쓴 'Two new sciences(1638)'라는 제목의 책이 있다. 여기서 두 새로운 과학이란 동역학과 재료역학을 지칭하는데, 재료역학과 관련하여 그는 당시로서는 매우 혁신적인 질문을 함으로써 논의를 시작하고 있다. 당시 선박의 크기가 날로 증대됨에 따라 보다 강하고 튼튼한 자재의 필요성이 대두되고 있었는데, 그는 선박을 보(beam)로 이상화하여 문제를 풀고자 하였다. 그는 기하학적으로 상사한 자재들에 대해, 자재의 강한 정도, 즉 강도(strength)를 예측할 수 있는 방법에 대한 질문을 하게 되었다. 이 경우 실험은 대개 크기를 줄인 축척 모형에 대해 수행하게 되는데, 이와 같은 실험에서 얻어진 결과를 실물로 어떻게 확장 해석하느냐 하는 문제와 동일한 문제에 봉착하게 된 것이다. 그림 6-1은 갈릴레오의 책에 보인 그림인데, 위의 질문을 좀 더 현대적인 용어를 사용하여 재구성하면 다음과 같다.

기하학적으로 상사한(geometrically similar) 물체의 실험에 대해 역학적 상사성(mechanical similitude)은 어떻게 보장될 수 있는가? 이 질문은 본질적으로는 축척 모형의 실험으로부터 얻어진 결과를 실물에 대해 어떤 방식으로 확장해야 하는가? 라는 질문과 동일한 질문이다. 갈릴레오가 던진 이러한 질문은 결국 수많은 후계자들에 의해 여러 분야에서 두고두고 생각할 거리를 제공하였으며, 결국 오늘날에 이르러서는 차원해석이라는 분야로 발전 정립되었다.

그림 6-1 Galileo의 외팔보

매우 간단한 예를 들어 차원해석의 중요성에 대해 생각해 보기로 한다. 이 역시 갈릴레오와 깊은 인연을 맺고 있는 문제이지만, 그림 6-2에 보인 단진자(simple pendulum)의 주기, 모형 실험에 의해 이 주기를 결정하고 싶을 경우, 다음과 같은 과정을 밟아 이 문제에 접근할 수 있다. 먼저 주기, 또는 원진동수 ω에 영향을 미칠 수 있는 물리적 변수를 모두 고려해 보면 초기 변위가 작을 경우에는 다음과 같이 쓸 수 있을 것이며,

$$\omega = f(m, l, g) \tag{1}$$

여기서 m은 단진자의 질량, l은 단진자의 길이, g는 중력가속도이며, f는 미지의 함수이다.

논의를 더 진척시키기 위해서는 식 (1)이 수학적 등식인 동시에 물리적인 등식이므로, 양변의 크기뿐만 아니라 차원(dimension)도 같아야 한다는 사실에 주목해야 한다. 식 (1)에 포함되어 있는 각 물리량의 차원을 기본 차원인 질량(M), 길이(L), 시간(T)을 사용하여 나타내면 다음과 같은데,

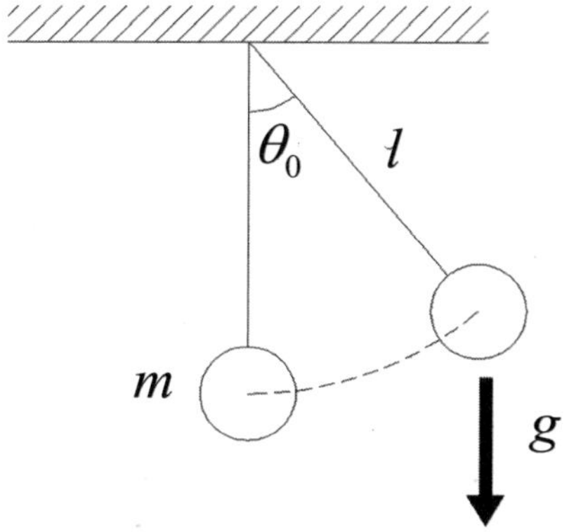

그림 6-2 단진자와 차원해석

$$[\omega] = T^{-1},\ [m] = M,\ [l] = L,\ [g] = LT^{-2} \tag{2}$$

여기서 [ ]는 관련된 양의 차원을 뜻한다. 식 (1)의 양변이 차원적으로도 같아야 한다는 점을 보장하기 위해서는 관련된 변수들을 무차원량으로 바꾸어 고려하는 것이 한 방법이 될 수 있다. 먼저 우변에 있는 물리량 중의 몇 개를 좌변을 무차원화하는데 사용할 수 있는데, 좌변의 차원, $[\omega] = T^{-1}$과 같은 차원량을 우변에 있는 양들의 조합으로 만들어 내기 위해서는 다음 사실에 주목할 수 있다.

$$[\sqrt{\frac{g}{l}}] = T^{-1} \tag{3}$$

따라서 식 (3) 좌변의 양을 사용하여 식 (1)의 좌변을 무차원화하기로 하면, 이제 우변도 당연히 무차원량의 함수가 되어야 하는데, 식 (3)의 무차원량을 얻기 위해 l과 g의 두 변수를 사용하였으므로, 이제 남은 양은 m밖에 없지만, 식 (1)의 좌변, 우변 어디에도 M의 차원을 포함하는 양은 없으므로, 결국 식 (1)은 다음과 같은 식으로 바뀔 수밖에 없다.

$$\frac{\omega}{\sqrt{g/l}} = C \tag{4}$$

여기서 C는 상수이다. 식 (4)와 식 (1)이 의미하는 바는 현격한 차이가 있다. 식 (1)은 단진자의 원진동수가 어떤 변수들에 의해 결정되는가를 알려주는 정도의 식이지만, 식 (4)는 어떤 경우든지 단 한 번만 실험을 하여 상수 C를 정확하게 결정할 수 있다면, 모든 단진자의 원진동수를 알 수 있게 해주는 식이다. 예를 들어 모형 실험에서 $C=1$을 얻었다면, 다음 결과는 어떤 크기의 모형과 실물에 대해서도 항상 적용할 수 있는 식이라는 점에서 식 (4)의 중요성이 강조될 수 있다.

$$\omega = \sqrt{\frac{g}{l}} \tag{5}$$

식 (5)의 결과를 얻기 위해 단진자에 대한 운동 방정식을 세워 해를 구한 것이 아니며, 크게 어렵게 보이지 않는 차원해석이라는 과정과 모형 실험에 의해 이 결과를 얻었다는 점을 상기하면, 모형 실험과 관련된 차원해석의 중요성에 대해 충분히 공감할 수 있을 것으로 생각한다.

6.2 배의 저항과 모형시험

선박 설계에 있어 가장 기본적인 문제 중의 하나가 선형을 결정하고, 그에 적합한 추진 장치를 갖추어 주는 것이다. 이러한 작업은 통상 모형시험(model test)을 통해 수행되는데[참고문헌 4], 이하에서는 배의 모형시험과 관련하여 어떠한 무차원량들이 저항을 산정하는데 사용되고 있는지 차원해석을 통해 알아보기로 한다.

먼저 모형선을 생각하고, 모형선을 예인수조(towing tank)에서 실험하는 경우, 주어진 속도 U에서 계측된 모형선의 저항 R에 영향을 미치는 인자들을 다음 식으로 정리할 수 있다(그림 6-3).

$$R = f_0(g,\ \rho,\ \mu,\ l,\ U) \tag{6}$$

여기서 ρ는 유체의 밀도, μ는 유체의 점성계수, l은 모형선의 길이이며, f_0는 미지의 함수이다. 앞 절에서와 같은 논리에 따라 먼저 모든 물리량의 차원을 생각하면 다음을 얻고,

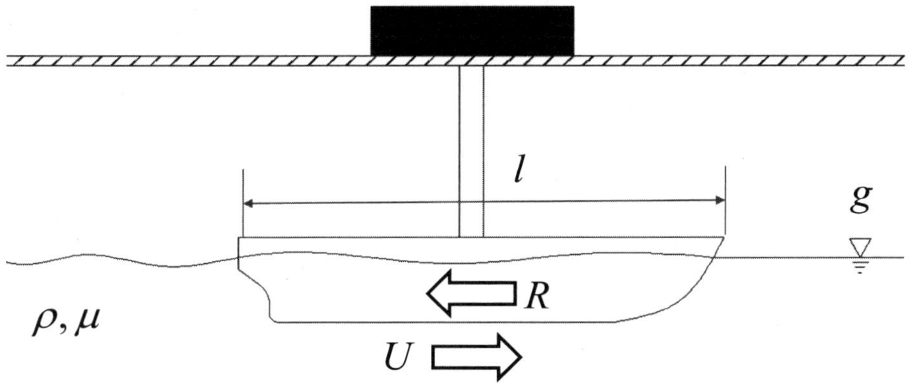

그림 6-3 예인수조에서의 모형선의 모형시험

$$[R] = MLT^{-2},\ [g] = LT^{-2},\ [\rho] = ML^{-3},$$
$$[\mu] = ML^{-1}T^{-1},\ [l] = L,\ [U] = LT^{-1} \tag{7}$$

좌변에 있는 양을 우변에 있는 양들의 조합으로 무차원화하기 위해 다음을 생각하고,

$$[\rho U^2 l^2] = ML^{-3}L^2T^{-2}L^2 = MLT^{-2} \tag{8}$$

식 (8)의 좌변에 있는 양을 사용하여 식 (6)의 좌변을 무차원화하면 다음 결과를 얻는다.

$$\frac{R}{\frac{1}{2}\rho U^2 l^2} = f_1(g,\ \rho,\ \mu,\ l,\ U) \tag{9}$$

여기서 좌변 분모의 $\frac{1}{2}$ 은 정체압을 무차원화에 사용하는 것이 관습적인 것에 따른 것이며, f_1 은 여전히 미지의 무차원 함수이다.

이 식 좌변의 무차원량은 저항계수 C_t 로 정의한다. 따라서 이 식의 우변 역시 무차원량이 되어야 하므로, ρ, l, U의 조합으로 f_1에 포함되어 있는 두 개의 변수 μ, g의 차원에 해당하는 양을 찾아내면 다음을 얻는다.

$$[g] = LT^{-2} = \left[\frac{U^2}{l}\right],\ [\mu] = ML^{-1}T^{-1} = [\rho U l] \tag{10}$$

식 (10)의 양들을 사용하여 식 (9)의 f_1을 무차원량으로 나타내면 다음 식이 성립해야 한다.

$$C_t = \frac{R}{\frac{1}{2}\rho U^2 l^2} = f_1\left(\frac{g}{U^2/l}, \frac{\mu}{\rho U l}\right) \tag{11}$$

이 식에서 f_1을 결정하는 무차원 변수는 다음과 같이 바꾸어 쓸 수 있으므로,

$$\frac{g}{U^2/l} = \frac{g\,l}{U^2} = \frac{1}{Fn^2},\quad \frac{\mu}{\rho U l} = \frac{\nu}{U l} = \frac{1}{Rn} \tag{12}$$

이들 두 무차원 변수인 Fn와 Rn(Reynolds수, Reynolds number)를 이용하여 식 (11)을 다시 쓰면 다음과 같다.

$$C_t = \frac{R}{\frac{1}{2}\rho U^2 l^2} = f_2(Fn, Rn) \tag{13}$$

여기서 f_2도 역시 미지의 무차원 함수이다.

식 (6)에 비해 식 (13)은 새로운 정보를 제공하고 있는데, 먼저 저항이 아닌 저항계수는 두 무차원 변수인 Fn와 Rn의 함수로 주어지며, 따라서 만약 모형시험에 있어 이 두 변수의 값이 실선의 경우와 같다고 하면, 당연히 저항계수 C_t도 모형선과 실선의 두 경우 같은 값을 가질 것이다. 다시 말하면, 기하학적으로 상사한 두 배에 대해,

역학적으로 상사한 결과는 두 무차원 변수가 같을 때 얻어진다는 것을 알 수 있다.

만약 모형시험에서 두 무차원 변수의 값이 실선의 경우에 해당하는 값과 같도록 해줄 수 있다면, 배의 저항을 산정하는 작업은 지금보다 훨씬 쉬운 작업이 되었을 것이다. 불행히도 두 무차원 변수의 값이 같기 위해서는 지구가 아닌 곳이나, 운동학적 점성계수가 물과는 대단히 다른 유체를 사용해야 한다는 것을 다음을 통해서 알 수 있다. 즉 모형시험을 지구 상에서 수행하고 또 물을 사용하여 시험을 수행한다고 하면 모형선의 경우나 실선의 경우 중력가속도와 운동학적 점성계수의 값은 그렇게 차이가 나지 않으므로, 같은 값이라고 가정할 수 있다. 그러므로 모형선과 실선에 대해 각각 하첨자 m과 s를 사용하여 나타내기로 하면, 모형선과 실선의 Fn가 같기 위해서는 다음이 성립해야 한다.

$$Fn = \frac{U_m}{\sqrt{gl_m}} = \frac{U_s}{\sqrt{gl_s}} \tag{14}$$

이 식으로부터 다음 결과를 얻는데,

$$U_m = U_s \sqrt{\frac{l_m}{l_s}} \tag{15}$$

마찬가지로 모형선과 실선의 Rn가 같기 위해서는 다음이 성립해야 하며,

$$Rn = \frac{U_m l_m}{\nu} = \frac{U_s l_s}{\nu} \tag{16}$$

따라서 다음 결과를 얻는다.

$$U_m = U_s \frac{l_s}{l_m} \tag{17}$$

예를 들어 모형선의 축척비(scale ratio) $\frac{l_m}{l_s} = \frac{1}{16}$일 때, 식 (15)에 따르면 모형선의 속도는 실선 속도의 $\frac{1}{4}$이 되어야 하고, 식 (17)에 따르면 16배가 되어야 한다. 명백히 두 값은 다른 값이므로, 만약 지구 상에서 물을 사용하여 모형시험을 수행하는 경우에는 모형선의 Fn와 Rn가 실선의 경우와 같도록 해 줄 수 없음이 확실하다. 여기서 모형시험에 의한 배의 저항 산정의 어려움이 가중되지만, 뒤집어 생각하면 이런 경우에야 말로 공학자의 노력과 재능이 발휘될 수 있는 곳이기도 하다.

1860년대부터 시작된 William Froude의 노력은 약 20 년 동안 모형시험을 통한 배의 저항 산정 문제를 해결하기 위해 집중되었는데, 당시는 이제 막 철선과 프로펠러를 사용한 선박이 출현하고 있던 시점이어서 저항 산정 문제는 해군을 비롯한 많은 운송회사들이 관심을 보이고 있었다. 물론 Froude가 위에서 논의한 차원해석을 통하여 문제의 어려움을 알게 된 것은 아니었지만, 어떤 경우든 그가 풀고자 하는 문제의 해결책은 모형선의 Fn와 Rn가 실선의 경우와 동시에 같도록 해줄 수 없다는 문제를 해결하는 것과 직결되어 있었다.

그의 해결책은 식 (13)의 함수 f_2에 대해 다음과 같은 대담한 가정을 도입하는 것으로 시작되었다.

$$C_t = f_2(Fn, Rn) = f_3(Fn) + f_4(Rn) \tag{18}$$

다시 말하면 저항계수를 Fn만의 함수인 성분과 Rn만의 함수인 성분으로 분해할 수 있다고 가정하였는데, 이 가정은 통상 Froude의 가정(Froude's assumption)이라고 불린다. 그는 식 (15)에 따라, 즉 모형선과 실선의 Fn가 같도록 결정된 모형선의 속도를 대응속도(corresponding velocity), 또 이 속도로 모형시험을 수행하여 얻어진 저항계수에서 Rn만의 함수로 볼 수 있는 부분을 제외하고 남는 저항계수의 성분을 잉여저항계수(residual resistance coefficient) C_r이라고 불렀다. 그는 C_r의 값이야말로 대응속도에서 시험을 수행할 경우, 모형선과 실선 모두 같은 값을 가진다고 보았으며, 이와 같은 가정을 식 (18)에 대입하면 다음을 얻는다.

$$C_t = C_r(Fn) + f_4(Rn) \tag{19}$$

이어서 그는 Rn만의 함수로 볼 수 있는 부분에 대해서는 배와 길이와 침수표면적이 같은 평판(flat plate 또는 plank), 즉 등가평판의 마찰저항계수(frictional resistance coefficient)와 같다고 가정하여, 모형선 및 실선과 Rn가 같은 등가평판에 대한 마찰저항계수 C_f를 따로 구할 수 있다고 보았다.

지금까지의 논의를 정리하면, 결국 Froude는 모형선과 실선에 대해 다음과 같이 저항계수를 산정하는 방법을 창안하였으며,

$$C_{tm} = C_r(Fn) + C_f(Rn_m),\ C_{ts} = C_r(Fn) + C_f(Rn_s) \tag{20}$$

오늘날 전 세계의 대부분 조선소, 연구소, 대학에서 사용되고 있는 저항 산정 방법은 본질적으로는 그의 이러한 방법을 거의 그대로 따르고 있다.

6.3 프로펠러와 모형시험

나선형 프로펠러는 거의 대부분의 선박에 추진력을 제공하는 장치로 사용되고 있다. 프로펠러의 사용은 비행기보다 선박 쪽에서 먼저 이루어졌지만, 프로펠러와 관련된 역학의 본질은 오히려 최초의 비행기(공기보다 무거운)를 타고 하늘을 난 것으로 유명한 Wright 형제(1903)에 의해 밝혀졌다. 비행기 날개가 공기 유동 중에서 발생시키는 양력의 기제(mechanism)가 프로펠러의 경우에는 배의 진행 방향과 같은 방향의 추력을 발생시키는 장치로 사용되고 있다.

프로펠러의 경우에도 모형시험을 통해 그 성능이 추정되고 있으며, 이하에서는 프로펠러의 모형시험과 관련하여 어떠한 무차원량들이 추력을 산정하는데 사용되고 있는지 차원해석을 통해 알아보기로 한다.

먼저 모형 프로펠러를 예인수조에서 실험하는 경우, 주어진 속도 U에서 계측된 프로펠러의 추력 F에 영향을 미치는 인자들을 다음 식으로 정리할 수 있다.

$$F = f_0(g,\ \rho,\ \mu,\ p_0,\ U, D,\ n) \tag{21}$$

여기서 p_0는 프로펠러 축심 위치에서의 수정압이며, D는 프로펠러의 직경, n은 프

로펠러의 회전수, f_0 는 미지의 함수이다. 앞 절에서와 같은 논리에 따라 먼저 모든 물리량의 차원을 생각하면 다음을 얻고,

$$[F] = MLT^{-2},\ [g] = LT^{-2},\ [\rho] = ML^{-3},\ [\mu] = ML^{-1}T^{-1},$$
$$[p_0] = ML^{-1}T^{-2},\ [D] = L,\ [U] = LT^{-1},\ [n] = T^{-1}, \tag{22}$$

좌변에 있는 양을 우변에 있는 양들의 조합으로 무차원화하기 위해 다음을 생각하고,

$$[\rho U^2 D^2] = ML^{-3}L^2T^{-2}L^2 = MLT^{-2} \tag{23}$$

이 식의 좌변에 있는 양을 사용하여 식 (21)의 좌변을 무차원화하면 다음 결과를 얻는다.

$$\frac{F}{\frac{1}{2}\rho U^2 D^2} = f_1(g,\ \mu,\ n,\ p_0;\ \rho,\ U,\ D) \tag{24}$$

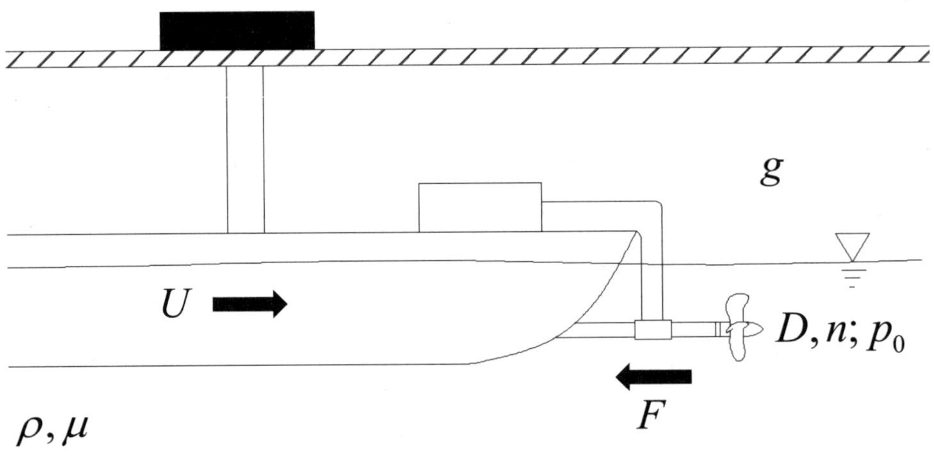

그림 6-4 예인수조에서의 프로펠러의 모형시험

여기서 좌변 분모의 $\frac{1}{2}$ 은 앞 절에서와 마찬가지로 정체압을 무차원화에 사용하는 관습을 따른 것이며, f_1 은 역시 미지의 무차원 함수이다.

이 식 좌변의 무차원량은 추력계수 C_T 로 정의한다. 그러면 이 식의 우변 역시 무차원량이 되어야 하므로, ρ, D, U 의 조합으로 f_1 에 포함되어 있는 네 개의 변수 g, μ, n, p_0 의 차원에 해당하는 양을 찾아내면 다음을 얻는다.

$$[g] = LT^{-2} = \left[\frac{U^2}{l}\right],\ [\mu] = ML^{-1}T^{-1} = [\rho U l],$$
$$[p_0] = ML^{-1}T^{-2} = [\rho U^2],\ [n] = T^{-1} = \left[\frac{U}{D}\right], \tag{25}$$

식 (25)의 양들을 사용하여 식 (24)의 f_1 을 무차원량으로 나타내면 다음 식이 성립해야 한다.

$$C_T = \frac{F}{\frac{1}{2}\rho U^2 D^2} = f_1\left(\frac{g}{U^2/D}, \frac{\mu}{\rho U D}, \frac{p_0}{\frac{1}{2}\rho U^2}, \frac{n}{U/D}\right) \tag{26}$$

여기서 우변 마지막 변수의 분모의 $\frac{1}{2}$ 역시 정체압을 무차원화에 사용하는 관습에 따른 것이다. 이 식 우변의 처음 두 무차원 변수는 앞 절에서와 마찬가지로 다음과 같이 바꾸어 쓸 수 있는데,

$$\frac{g}{U^2/D} = \frac{gD}{U^2} = \frac{1}{Fn^2},\quad \frac{\mu}{\rho U D} = \frac{\nu}{UD} = \frac{1}{Rn} \tag{27}$$

여기서 Fn 와 Rn 는 배의 길이 대신 프로펠러의 직경을 사용하여 정의한다. 한편 나중 두 무차원 변수는 다음과 같이 바꾸어 쓸 수 있는데,

$$\frac{p_0}{\frac{1}{2}\rho U^2} = En, \quad \frac{n}{U/D} = \frac{nD}{U} = \frac{1}{J} \tag{28}$$

여기서 En는 Euler수, J는 **전진비**(advance ratio)이다. 이들 무차원 변수를 사용하여 식 (26)을 다시 쓰면 다음과 같다.

$$C_T = \frac{F}{\frac{1}{2}\rho U^2 l^2} = f_2(Fn, Rn, En, J) \tag{29}$$

여기서 f_2 도 역시 미지의 무차원 함수이다.

식 (29)는 예인수조에서의 프로펠러 모형시험에 대해 많은 정보를 제공하고 있는데, 먼저 추력이 아닌 추력계수는 네 개의 무차원 변수인 Fn, Rn, En, J의 함수로 주어지며, 따라서 만약 모형시험에 있어 이 네 변수의 값이 실제의 경우와 같다고 하면, 당연히 추력계수 C_T도 모형과 실제의 두 경우 같은 값을 가질 것이다. 다시 말하면, 기하학적으로 상사한 두 프로펠러에 대해, 역학적으로 상사한 결과는 네 무차원 변수가 같을 때 얻어진다는 것을 알 수 있다.

이미 앞 절에서 본 바와 같이 만약 모형시험을 지구 상에서 수행하고 또 물을 사용하여 시험을 수행한다고 하면 모형시험에서 Fn와 Rn의 값을 실제의 경우와 같이 해 준다는 것이 불가능한 일임을 보였으므로, 프로펠러의 모형시험에서도 엄밀한 의미에서 역학적 상사성을 유지하는 것은 불가능한 일임을 알 수 있다.

앞 절에서와 같이 모형과 실제에 대해 각각 하첨자 m과 s를 사용하여 나타내기로 하면, 모형과 실제의 Fn가 같기 위해서는 다음이 성립해야 한다.

$$U_m = U_s \sqrt{\frac{D_m}{D_s}} \tag{30}$$

마찬가지로 모형과 실제의 Rn가 같기 위해서는 다음이 성립해야 한다.

$$U_m = U_s \frac{D_s}{D_m} \tag{31}$$

예를 들어 모형 프로펠러의 축척비 $\frac{D_m}{D_s} = \frac{1}{25}$ 일 때, 식 (30)에 따르면 모형의 속도는 실제 속도의 $\frac{1}{5}$ 이 되어야 하고, 식 (31)에 따르면 25배가 되어야 한다. 일반적으로 고속에서의 실험은 여러 가지 위험 요소를 수반하고 비용이 많이 소요되므로, Rn를 같게 해주기보다는 Fn를 같게 하여 실험을 수행한다. 물론 모형과 실제의 Rn가 다른 것에 기인하는 실험적 오차를 가능한 한 줄이도록 노력해야 한다.

한편, 모형과 실제에 대한 En를 같게 해주기 위해서는 Fn를 같게 하여 시험을 실시하는 경우 다음과 같은 조건을 만족시켜야 한다.

$$En = \frac{p_{0m}}{\frac{1}{2}\rho U_m^2} = \frac{p_{0s}}{\frac{1}{2}\rho U_s^2} \tag{32}$$

이 식으로부터 다음 결과를 얻는데,

$$p_{0m} = p_{0s}\left(\frac{U_m}{U_s}\right)^2 = p_{0s}\frac{D_m}{D_s} \tag{33}$$

이 식에 따르면 축척비가 $\frac{1}{25}$ 일 때, 모형시험에서의 압력은 실제 압력의 $\frac{1}{25}$ 만큼 줄여주어야 함을 뜻한다. 프로펠러 시험 시, 공동(cavitation)의 우려가 심하지 않은 경우에는 따라서 모형시험과 실제의 En가 다른 값을 가지는 것을 일반적으로 허용하고 있다. 단 공동의 우려가 있어 공동수조(cavitation tunnel)에서 실험을 할 때에는 감압장치를 작동하여 다음과 같이 정의되는 공동수(cavitation number) σ를 같게 하여 실험을 수행한다.

$$\sigma = \frac{p_0 - p_v}{\rho U^2/2} \tag{34}$$

여기서 p_v는 물이 기화하는 증기압(vapor pressure)이며, 14℃에서 $1.7\,kPa$이다.

마지막으로 전진비 J의 값이 모형과 실제에서 같게 해 주기 위해서는 Fn를 같게 하여 시험을 실시하는 경우 다음과 같은 조건을 만족시켜야 한다.

$$J = \frac{U_m}{n_m D_m} = \frac{U_s}{n_s D_s} \tag{35}$$

이 식으로부터 다음 결과를 얻는데,

$$n_m = n_s \frac{D_s}{D_m}\frac{U_m}{U_s} = n_s \sqrt{\frac{D_s}{D_m}} \tag{36}$$

이 식에 따르면 축척비가 $\frac{1}{25}$일 때, 모형시험에서의 회전수는 실제 회전수의 5배만큼 크게 해주어야 함을 뜻하며, 실제 프로펠러의 회전수가 그리 크지 않으므로 모형 프로펠러의 회전수를 몇 배 크게 하는 것은 기술적으로 큰 어려움이 없다. 전진비는 프로펠러 단면의 입사각(angle of incidence)과 관련이 있으므로 반드시 같게 해주어야 하는 무차원량이다. 보다 자세히 말하면, 전진비가 같아야만 기하학적으로 상사한 프로펠러 날개의 각 단면에 입사하는 유동의 입사각이 같아지며, 이와 같이 얻어지는 유동장의 상사성을 운동학적 상사성(kinematic similitude)이라고 한다.

지금까지의 논의를 정리하면, 예인수조에서의 프로펠러 모형시험 결과를 실제 프로펠러로 확장함에 있어 다음과 같은 관점을 취하고 있다고 할 수 있다.

$$C_T \simeq C_T(Fn,\ J) \tag{37}$$

예인수조에서의 모형시험과 실제에 있어 Rn와 En가 다른 것에 기인하여 발생하는 오차는 통상 축척효과(scale effect)로 불리며, 시험 시 항상 주의를 요하는 부분이다.

6.4 차원해석의 수순

위에서 살펴본 차원해석의 과정을 일반화하여 차후 사용에 도움이 되도록 한다. 먼저 구하고자 하는 물리량 X가 N개의 독립변수, x_1, x_2, ---, x_N의 함수로 나타낼 수 있다고 가정하면, 다음을 얻는다.

$$X = f_0(x_1, x_2, \cdots, x_N) \tag{38}$$

N개의 독립변수 중, 3개의 변수를 기본 차원 M, L, T를 나타내는데 사용하기로 하고, 이들을 써서 먼저 좌변을 무차원화하면 다음을 얻는다.

$$C_X = \frac{X}{[X]} \tag{39}$$

여기서 $[X]$는 X와 같은 차원으로 위에서 고른 3개의 변수들을 사용하여 얻은 양을 뜻한다.

또한 이들 3개의 변수를 사용하여 우변의 나머지 $N-3$개의 독립변수를 무차원화하여 다음 결과를 얻는다.

$$C_X = f(C_1, C_2, \cdots, C_{N-3}) \tag{40}$$

여기서 C_j, $j \in [1;N-3]$는 모두 무차원 변수임에 유의한다. 이상에서 설명한 차원해석 수순은 Rayleigh의 차원해석이라고 불리는 수순과 약간 다른 형태를 띠고 있지만, 본질적으로는 같으며, 적용하기에 간편하다는 장점이 있다.

그러므로 식 (40)에 따르면 모형시험을 통하여 실물에 대한 X를 구하고자 하는 경우, 모든 C_j의 값이 같도록 시험을 수행하면, 모형과 실물의 C_X는 같아지며, X의 값을 구할 수 있다.

그러나 현실적으로는 이들 무차원 변수를 모두 같게 해주기 힘든 경우가 대부분이며, 모형시험을 고려하여 그중 어떤 변수를 같게 할 것인지를 결정해야 한다. 따라서 모형시험에서 다른 값을 가질 수밖에 없는 무차원 변수에 대해서는 별도의 고려를 하는 것이 일반적이다.

또한 무차원 변수 중, 매우 큰 값 또는 매우 작은 값을 가지는 것은 영 또는 무한대를 가정함으로써, 그 영향을 고려할 수 있다. 예를 들어 물에서 운항하는 선박의 경우, 점성의 영향을 나타내는 Rn를 C_j 중의 하나로 볼 수 있는데, 보통 그 값은 10^9 정도의 크기를 가지므로, ∞로 근사할 수 있으며, 이와 같은 근사는 바로 유체를 비점성 유체로 가정하는 것과 동일하다.

한편, 함수 f의 형태에 대한 근사도 가능한데, 크게 두 가지 방법을 생각할 수 있다. 먼저 f가 각각 하나의 C_j의 함수인 h_j의 합으로 보는 방법으로 이에 따르면 다음을 얻는다.

$$f(C_1, C_2, \cdots, C_{N-3}) = \sum_{j=1}^{N-3} h_j(C_j) \tag{41}$$

이 방법은 Froude의 가정이 대표적인 예로, 모형시험에서 그 값이 같도록 해 줄 수 있는 $h_j(C_j)$에 대해서는 모형과 실제의 값이 같을 것이며, 그렇지 않은 $h_j(C_j)$에 대해서는 별도의 근사를 통해 고려할 수 있다.

다른 한 방법으로는 f가 각각 하나의 C_j의 함수인 h_j의 곱으로 보는 방법으로 이에 따르면 다음을 얻는다.

$$f(C_1, C_2, \cdots, C_{N-3}) = \prod_{j=1}^{N-3} h_j(C_j) \tag{42}$$

평형 상태 부근의 물리 현상을 다룰 때는 위와 같은 가정이 유효한 경우가 많다.

연습문제

6-1. 질량 m의 물체가 스프링 상수 k인 스프링에 매달려 있을 때, 물체를 약간 잡아 당겼다가 살짝 놓을 경우의 진동수를 차원해석을 사용하여 구하시오.

6-2. $[\mu] = ML^{-1}T^{-1}$임을 보이시오.

6-3. Fn는 5장에서 보인 바와 같이 조파저항과 밀접한 관련을 가지고 있다. 잉여저항계수 C_r 역시 Fn만의 함수로 Froude는 가정하였는데, 잉여저항과 조파저항 사이의 관계에 대해 논의하시오.

6-4. 프로펠러의 기하학을 생각하여 전진비가 단면에서의 입사각에 상응하는 것을 보이시오.

6-5. 대형공동수조(Large Cavitation Tunnel)의 세계적 분포를 조사하고, 대형공동수조의 장점에 대해 논하시오.

6장 쉬어가기

차원해석은 긴 역사를 가지고 있는데, 6장 1절에서 논의한 Galileo(1564-1642, Italy)에 이어서 근대과학의 문을 연 Newton(1686)은 차원해석의 본질을 'Great principle of similitude', 즉 상사의 대원리라고 불렀다. 물리적인 현상을 기술하는 방정식의 양변의 차원의 동차성은 Fourier(1768-1830, France)에 의해서도 지적된 바 있는데, 그는 물리 현상을 기술하는 방정식은 물리량들을 측정하는데 어떠한 단위계를 사용한다고 하더라도 항상 성립해야 함에 주목하였다.

전자기학(electromagnetics)의 시초를 연 Maxwell(1831-1879, UK)은 물리량의 차원을 기본 차원과 유도 차원으로 구분하고, 길이(L), 시간(T), 질량(M)을 기본 차원으로 간주하여 차원해석이 오늘날과 같은 모습을 가지게 하는데 큰 영향을 미쳤다. 실제로 오늘날 알려진 바와 같은 과정에 의한 차원해석이 처음 그 모습을 보인 것은 Rayleigh의 유명한 저서, 'Theory of sound(1877)'를 통해서였다(쉬어가기 그림 6-1).

수학적으로 엄밀하게 차원해석에 대한 정당성을 제공하는 정리는 통상 π-정리로 알려져 있으며, 이 정리의 증명은 많은 사람들에 의해 이루어졌지만, 일반적으로는 미국의 Buckingham(1867-1940, USA)이 1914년 발표한 'On physically similar systems; illustrations of the use of dimensional equations'라는 논문을 인용한다(쉬어가기 그림 6-2).

쉬어가기 그림 6-1 Galileo와 Rayleigh

ON PHYSICALLY SIMILAR SYSTEMS; ILLUSTRATIONS OF THE USE OF DIMENSIONAL EQUATIONS.

By E. Buckingham.

1. *The Most General Form of Physical Equations.*—Let it be required to describe by an equation, a relation which subsists among a number of physical quantities of n different kinds. If several quantities of any one kind are involved in the relation, let them be specified by the value of any one and the ratios of the others to this one. The equation will then contain n symbols $Q_1 \cdots Q_n$, one for each kind of quantity, and also, in general, a number of ratios r', r'', etc., so that it may be written

$$f(Q_1, Q_2, \cdots Q_n, r', r'', \cdots) = 0. \tag{1}$$

Let us suppose, for the present only, that the ratios r do not vary during the phenomenon described by the equation: for example, if the equation describes a property of a material system and involves lengths, the system shall remain geometrically similar to itself during any changes of size which may occur. Under this condition equation (1) reduces to

$$F(Q_1, Q_2, \cdots Q_n) = 0. \tag{2}$$

If none of the quantities involved in the relation has been overlooked, the equation will give a complete description of the relation subsisting among the quantities represented in it, and will be a complete equation. The coefficients of a complete equation are dimensionless numbers, *i. e.*, if the quantities Q are measured by an absolute system of units, the coefficients of the equation do not depend on the sizes of the fundamental units but only on the fixed interrelations of the units which characterize the system and differentiate it from any other absolute system.

To illustrate what is meant by a "complete" equation, we may consider the familiar equation

$$\frac{pv}{\theta} = \text{constant},$$

in which p is the pressure, v the specific volume, and θ the absolute temperature of a mass of gas. The constant is not dimensionless but depends, even for a given gas, on the units adopted for measuring p, v, and θ; the equation is not complete. Further investigation shows that

쉬어가기 그림 6-2 Buckingham(1914)의 논문

William Froude(1810-1879, UK)는 1868년 영국 해군에 제출한 건의서에서 실선의 저항을 추정하기 위한 모형시험(model tests)의 필요성을 역설하였는데 모형선의 예인 속력과 관련하여 대응속력[2)](corresponding speed)의 개념을 사용하였으며(쉬어가기 그림 6-3), 나중에 알려진 바와 같이 이는 무차원량인 $\dfrac{U}{\sqrt{gL}}$을 실선과 모형선에 대해 같게 해주는 것을 뜻하였다. 여기서 U는 배의 속력, g는 중력가속도, L은 배의 길이이다. 이 무차원량은 오늘날 Froude수(Froude number)라고 불린다.

한편 Reynolds(1842-1912, UK)는 1883년의 논문에서 관유동(pipe flows)과 관련하여 유동의 형태가 무차원량인 $\dfrac{Ud}{\nu}$의 크기에 따라 본질적으로 달라지며, 따라서 마찰저항의 크기도 달라짐을 지적하였다[참고문헌 2]. 여기서 U는 유속, d는 관의 직경, ν는 운동학적 점성계수이다. 이 무차원량은 오늘날 Reynolds수(Reynolds number)라고 불린다.

쉬어가기 그림 6-3 W. Froude와 Reynolds

1) 6장 2절의 본문에서는 대응속도라고 하였으나, 당시에는 대응속력이라고 불렀으며, Froude는 속장비(speed-length ratio)라고 불린 $\dfrac{U}{\sqrt{L}}$을 같게 해주는 것으로 생각하였다.

Chapter 7

가속 운동 또는 가속 유동장에 기인하여 물체가 받는 힘

7.1 d'Alembert의 역설

물체가 공기나 물과 같은 유체 중에서 운동할 때는, 진공 중에서 운동할 때와는 달리, 주변의 유체로부터 힘을 받게 된다. 유체역학에서 배운 d'Alembert의 역설에 대해 생각해보면 유체가 물체에 가하는 힘이 어떤 이유로 작용하게 되는지 보다 쉽게 이해할 수 있다.

d'Alembert의 역설은 다음과 같은 세 가지 조건을 만족할 때, 유체 내부에서 운동하는 물체는 유체로부터 아무런 힘도 받지 않는다는 그야말로 우리의 경험에 상반되는 역설이다. 세 가지 조건은 첫째 유체는 점성을 무시할 수 있는 비점성 유체이며, 둘째 물체의 운동은 등속도 운동이고, 셋째 물체가 무한히 넓은 유체 중에서 운동한다는 것이다. 그의 역설은 사실 그 당시(18세기 중엽) 비점성 유체를 주로 다루고 있던 수동역학(hydrodynamics)의 약점을 꼬집기 위하여 제기되었지만, 이 역설을 뒤집어 생각하면, 점성의 영향을 무시할 수 없어 점성 유체로 보아야 할 경우, 물체의 운동이 가속 운동인 경우, 유체의 경계면이 물체에 가까운 곳에 있을 경우 등 세 가지 경우 중 어느 한 경우에 속하더라도 유체가 물체에 가하는 힘이 수동역학상으로도 영이 아님을 뜻한다.

이 장에서는 무한 유체 중에서 운동하는 물체가 유체로부터 받는 힘을 생각할 것이므로, 위의 논의에 따르면 유체의 점성과 물체의 가속 운동에 기인하여 물체는 주변의 유체로부터 힘을 받는다는 결과를 수동역학상으로 얻게 됨을 알 수 있다. 점성이 있는 유체 중에서 등속도 운동하는 물체는 물체 표면 상에서 접선 방향으로 작용하는 전단응력과 법선 방향으로 작용하는 압력에 기인하는 힘을 받는다. 전단응력과 압력의 물체 운동 방향 성분을 물체 표면에 대해 적분하여 얻게 되는 힘은 통상 점성항력으로 불린다. 유체역학에서 배운 바에 따르면, 유선형 물체(streamlined body)에 대해서는 전단

응력에 기인하는 마찰항력(frictional drag)이, 그렇지 않은 경우에는 유동의 박리(separation) 때문에 발생하는 물체의 앞뒤에 작용하는 압력의 차이에 기인하는 형상항력(form drag)이 점성항력의 주요한 부분을 차지한다.

한편, 비점성 유체 중에서 물체가 가속 운동을 하는 경우에도 수동역학에 따르면 물체는 유체로부터 힘을 받게 되는데, 이는 물체가 가속 운동을 하기 위해서는 물체 자신뿐만 아니라 주위의 유체도 어느 정도 가속시켜야 하며, 이에 대한 반작용으로 유체도 물체에 일정한 힘, 즉 관성력(가속도 방향에 반대되는 방향의 힘)을 가하게 됨을 뜻한다. 이와 같은 관성력은 통상 가속도로 나누어 물체의 질량이 그만큼 증가한 것으로 생각하는 방법을 취하는데, 이에 따라 증가한 물체의 질량을 부가질량(added mass)이라고 부른다.

7.2 관성력과 부가질량

비점성 유체 중에서 물체가 가속 운동을 하는 경우, 물체는 주변의 유체 또한 가속시키게 되고, 따라서 물체는 가속도와 같은 위상을 가지는 힘을 받게 된다. 이 힘은 통상 관성력[1]으로도 불리는데, 관성력을 가속도의 크기로 나누어 주면 질량의 차원을 가지는 양을 얻을 수 있으며, 이 양을 부가질량이라고 부른다.

원주의 부가질량은 일반적인 형상을 가진 물체의 부가질량에 대한 일종의 척도를 제공하고 특히 계산이 비교적 쉬우므로 이하에서는 이에 대해 고찰한다. 부가질량을 구하는 방법은 여러 가지가 있는데 여기서는 부가질량의 물리적 의미를 다른 각도에서 볼 수 있도록 두 가지 방법으로 구해 본다.

첫 번째는 일-에너지 원리를 이용하는 방법을 생각한다. 일-에너지 원리에 따르면 유체 유동장이 가지고 있는 운동에너지의 시간에 대한 변화율이 물체가 유체에 행한 단위 시간 당의 일, 즉 일률과 같아야 한다. 유체 유동장의 운동에너지를 구하기 위해서는 유동장의 속도 분포를 알아야 한다.

$\hat{i}$를 x방향의 단위 벡터라고 하면, 유체역학에서 배운 바와 같이[참고문헌 2], 반경 a인 원주가 속도 $-U(t)\hat{i}$로 움직일 때의 유체 유동장은 세기 Ua^2인 쌍극점

1) 동역학에서의 관성력은 물체의 질량에 가속도를 곱한 양을 힘으로 간주하는 것이 편리할 때, 그 부호를 바꾸어 부르는 양이다.

(dipole)이 원주의 중심에 놓여 있을 때의 유동장과 동일하므로 속도포텐셜 $\phi(r,\theta)$를 다음과 같이 쓸 수 있다.

$$\phi = \frac{Ua^2}{r}\cos\theta \tag{1}$$

여기서 (r,θ)는 원주의 중심에 원점을 가지는 극 좌표계이다(그림 7-1 참조).

이로부터 유체 입자의 속도 벡터는 다음과 같이 주어지는데,

$$\underline{u} = u_r\hat{e}_r + u_\theta\hat{e}_\theta = \frac{\partial\phi}{\partial r}\hat{e}_r + \frac{1}{r}\frac{\partial\phi}{\partial\theta}\hat{e}_\theta = -\frac{Ua^2}{r^2}\left(\cos\theta\hat{e}_r + \sin\theta\hat{e}_\theta\right) \tag{2}$$

여기서 u_r, u_θ는 각각 반경 방향과 원주 방향의 속도 성분이며, $\hat{e}_r$, $\hat{e}_\theta$는 각 방향으로의 단위 벡터이다. 따라서 $r=a$에서의 속도 벡터는 다음과 같다.

$$\underline{u}|_{r=a} = -U\left(\cos\theta\hat{e}_r + \sin\theta\hat{e}_\theta\right) \tag{3}$$

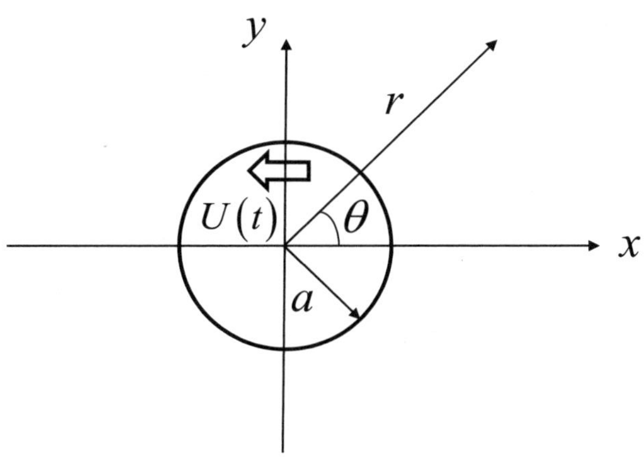

그림 7-1 가속 운동하는 원주와 좌표계

반경 방향의 속도 성분은 $-U\cos\theta$이므로 원주의 x방향 속력인 $-U$의 반경 방향 성분임을 알 수 있으며, 포텐셜 유동이므로 원주 표면에 접선 방향, 즉 $\hat{e}_\theta$방향으로는 유동이 허용됨에 유의한다.

전체 유동장의 운동에너지를 구하기 위해 식 (2)로부터 $|\underline{u}|^2$을 구하면 다음을 얻는다.

$$|\underline{u}|^2 = u_r^2 + u_\theta^2 = \left(\frac{Ua^2}{r^2}\right)^2 (\cos^2\theta + \sin^2\theta) = \frac{U^2a^4}{r^4} \tag{4}$$

이 식에 따르면 속도 벡터의 크기 $|\underline{u}|$는 r만의 함수이며, $r=a$인 원주 표면에서 속도의 크기는 모든 곳에서 U임에 유의한다.

전체 유동장의 운동에너지 E_k를 얻기 위해 전체 유동장에 대한 적분을 수행하여 다음을 얻는다.

$$E_k = \frac{1}{2}\rho\int_a^\infty \frac{U^2a^4}{r^4} 2\pi r dr = \rho\pi U^2 a^4 \frac{1}{2a^2} = \frac{1}{2}\rho\pi a^2 U^2 = \frac{1}{2}m_a U^2 \tag{5}$$

여기서 $m_a = \rho\pi a^2$은 단위 길이 당 원주의 체적에 상당하는 유체의 질량이다.

위에서 언급한 대로 일-에너지 원리에 따르면 E_k의 시간에 대한 미분은 단위 시간 당 물체가 유체에 대해 한 일과 같으므로 다음을 얻고,

$$\frac{dE_k}{dt} = m_a \frac{dU}{dt} U = FU \tag{6}$$

따라서 원주가 유체에 가한 힘의 x방향 성분, 또는 관성력의 크기인 F는 다음과 같다.

$$F = m_a \frac{dU}{dt} \tag{7}$$

이 힘을 가속도 $\frac{dU}{dt}$로 나누어 주면 결국 m_a가 되며, 그러므로 $m_a = \rho\pi a^2$이 바로 원주의 부가질량임을 알 수 있는데, πa^2은 단위 길이의 원주의 체적이므로, 원주의 부가질량은 바로 단위 길이의 원주와 같은 체적을 가지는 유체의 질량이다.

두 번째는 유체가 물체에 가하는 압력을 직접 적분하여 부가질량을 구하는 방법에 대해 살펴보기로 한다. 먼저 원주 표면에 작용하는 압력을 구하기 위해 비정상 유동에 대한 Bernoulli 방정식인 식 (2-29)로부터 다음을 얻는다.

$$\frac{\partial\phi}{\partial t} + \frac{1}{2}|\underline{u}|^2 + \frac{p}{\rho} + gy = \frac{p_0}{\rho} \tag{8}$$

여기서 p_0는 원주로부터 무한히 먼 곳에서의 압력이다. 수동압을 다음과 같이 정의하여,

$$p_d = p - p_0 + \rho gy \tag{9}$$

이 정의를 식 (8)에 대입하여 다음을 얻는다.

$$\frac{p_d}{\rho} = -\frac{\partial\phi}{\partial t} - \frac{1}{2}|\underline{u}|^2 \tag{10}$$

원주에 작용하는 수동압에 기인하는 x방향 힘을 구하기 위해서는, 원주 표면에서의 수동압의 x방향 성분을 원주에 대해 적분하여 얻을 수 있으며, 식 (1), (4)를 식 (10)에 대입하여 다음을 얻는다.

$$F = -\int_0^{2\pi} p_d \cos\theta a d\theta = \rho\frac{dU}{dt}a^2\int_0^{2\pi}\cos^2\theta d\theta = \rho\pi a^2\frac{dU}{dt} \tag{11}$$

적분 과정에서 식 (10) 우변의 두 번째 항은 적분 결과에 영향을 끼치지 않는 점에 유의한다. 이 결과는 식 (7)과 동일하며, 따라서 부가질량이 m_a임을 다시 한 번 확인할 수 있다.

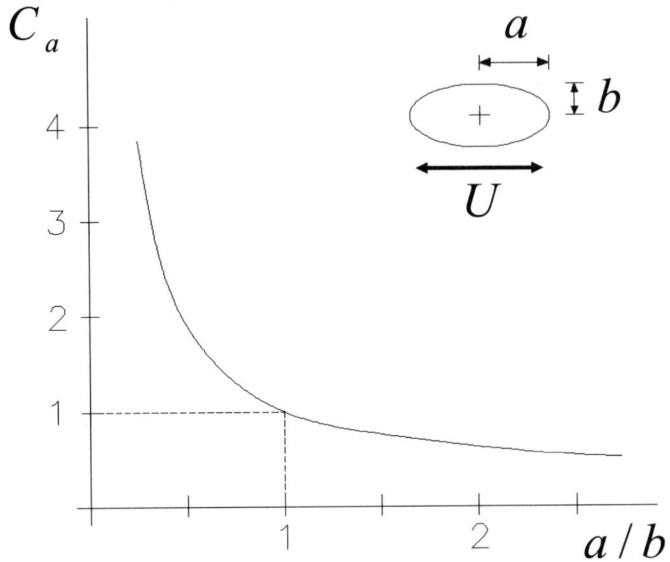

그림 7-2 타원체의 부가질량 계수

위에서 보인 바와 같은 방법들을 사용하면 기하학적 형상이 주어진 물체에 대해서는 부가질량을 일의적으로 결정할 수 있으며, 다양한 물체의 부가질량에 대해 많은 연구 결과들이 얻어져 있다, 그림 7-2에는 타원체(ellipsoid)에 대해 다음과 같이 정의되는 부가질량 계수 C_a를 장축과 단축의 길이의 비의 함수로 나타내었다.

$$C_a = \frac{m_a}{\rho \pi ab} \tag{12}$$

여기서 a, b는 각각 장반경과 단반경의 길이이다. 위의 정의에 따르면 원주의 부가질량 계수는 1임을 알 수 있다.

타원체의 부가질량 계수는 $\frac{a}{b}$의 값이 증가함에 따라 단조 감소하는 경향을 보이며, 이는 물체가 주변의 유체에 제공하는 운동에너지의 양이 $\frac{a}{b}$의 값이 증가함에 따라 점차 감소하는 것에 상응한다.

7.3 가상질량

앞 절에서는 정지해 있는 유체 중에서 물체가 가속 운동을 하는 경우를 고려하였는데, 이 절에서는 가속 유동장 중에 정지 상태로 놓여있는 물체에 작용하는 유체력을 고려하기로 한다. 앞 절에서와 마찬가지로 기하학적인 형상의 단순성, 그리고 실제로 많은 구조물 부재들의 형상이 원주이므로 여기서도 원주에 작용하는 힘을 고려하기로 한다. 그림 7-3에 보인 바와 같이 가장 간단한 가속 유동장인 속도 U가 시간 t만의 함수인 가속 균일 유동장에 대해 고려하기로 한다.

좌표계의 원점에 중심이 위치한 원주 주위의 유동장에 대한 속도포텐셜은 유체역학에서 배운 바와 같이 다음 식으로 주어지며[참고문헌 2],

$$\phi(r, \theta, t) = U(t)\left(r + \frac{a^2}{r}\right)\cos\theta \tag{13}$$

이로부터 유체 입자의 속도 벡터는 다음과 같이 얻는다.

$$\underline{u} = \frac{\partial \phi}{\partial r}\hat{e}_r + \frac{1}{r}\frac{\partial \phi}{\partial \theta}\hat{e}_\theta = U\left\{\left(1 - \frac{a^2}{r^2}\right)\cos\theta\hat{e}_r - \left(1 + \frac{a^2}{r^2}\right)\sin\theta\hat{e}_\theta\right\} \tag{14}$$

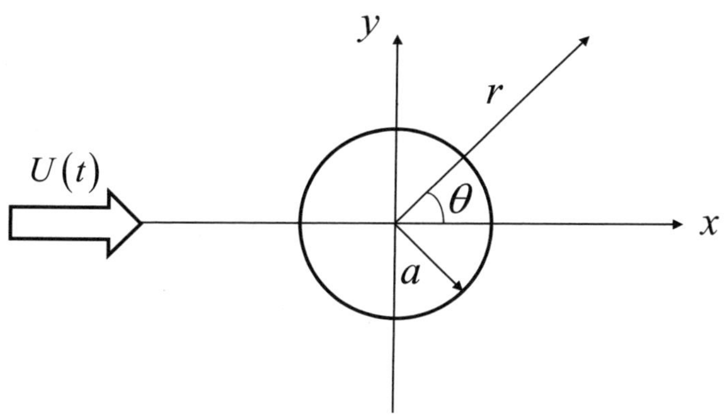

그림 7-3 가속 균일 유동장 중의 원주와 좌표계

따라서 $r = a$에서의 속도 벡터는 다음과 같다.

$$\underline{u}|_{r=a} = -2U\sin\theta\hat{e}_\theta \quad (15)$$

반경 방향의 속도 성분은 영이므로, 식 (13)이 주어진 문제의 경계 조건인 법선 방향 속도 성분이 영이 되어야 함을 만족함을 알 수 있으며, 접선 방향으로 허용된 속도 성분은 원주 상에서 $-2U\sin\theta$임을 알 수 있고, 이는 앞 절의 식 (3)에 따른 결과와도 상응한다.

이제 원주에 작용하는 수동압에 기인하는 x방향 힘을 구하기 위해서는, 원주 표면에서의 수동압의 x방향 성분을 원주에 대해 적분하여 얻을 수 있다. 수동압은 Bernoulli 방정식인 식 (10)에 식 (13)의 속도포텐셜과 식 (15)를 대입하여 원주 상에서의 수동압을 다음과 같이 얻는다.

$$\frac{p_d}{\rho} = -2a\cos\theta\frac{dU}{dt} - 2U^2\sin^2\theta \quad (16)$$

이 수동압의 x방향 성분을 원주에 대해 적분하여 다음 결과를 얻는다.

$$F = -\int_0^{2\pi} p_d\cos\theta a d\theta = 2\rho\frac{dU}{dt}a^2\int_0^{2\pi}\cos^2\theta d\theta = 2\rho\pi a^2\frac{dU}{dt} \quad (17)$$

적분 과정에서 식 (16) 우변의 두 번째 항은 적분의 마지막 결과에 영향을 끼치지 않는 점에 유의한다.

식 (17)을 앞 절의 식 (11)과 비교하면 정확히 두 배 증가하였음을 확인할 수 있는데, 두 배가 된 이유를 수동압의 적분 과정을 통해 살펴보면, 결국 가속 유동에 기인하는 압력 성분이 가속 유동장 내부에 놓여 있는 원주의 경우, 정지해 있는 유체 중에서 원주 스스로 가속 운동을 하는 경우의 두 배가 되는 것에 기인한 것임을 알 수 있다. 정확하게 그 반은 부가질량과 일치하는 항에 의해 주어지며, 나머지 반은 균일 가속 유동에 의해 주어지므로 원주의 경우에는 균일 가속 유동에 의한 힘이 물체의 가속 운동에 기인하는 힘과 정확하게 같음을 알 수 있다.

식 (17)에서 구한 힘을 가속도 $\dfrac{dU}{dt}$로 나누어 주어 얻은 질량을 가상질량(virtual mass)이라고 하는데, 따라서 원주에 대해서는 가상질량 m_v가 부가질량 m_a의 두 배이다. 가상질량은 또한 물체의 원래 질량 m과 부가질량 m_a의 합, 즉 $m_v = m + m_a$로 정의되기도 하는데, 위에서 구한 균일 가속 유동에 의한 힘이 바로 물체의 질량에 상응하는 관성력, 즉 $m\dfrac{dU}{dt}$로 주어지며, 원주의 존재를 나타내는 쌍극점에 기인하는 유동장에 의한 힘이 $m_a\dfrac{dU}{dt}$로 주어짐을 알 수 있다.

한편 스프링-질량 계의 질량이 물 속에서 자유 동요(free oscillation)할 때, 물의 점성에 기인하는 항력과 수표면의 영향은 무시할 만하다고 가정할 수 있는 경우, 질량의 가속 운동에 따른 부가질량을 고려해야만 질량의 고유진동수(natural frequency)를 정확하게 얻을 수 있을 것이다. 다시 말하면, 질량 m, 스프링 상수 k인 스프링-질량 계의 자유 동요의 변위 $x(t)$에 대해 다음과 같은 운동 방정식을 얻으므로(그림 7-4 참조),

$$m\ddot{x} = -kx - m_a\ddot{x} \tag{18}$$

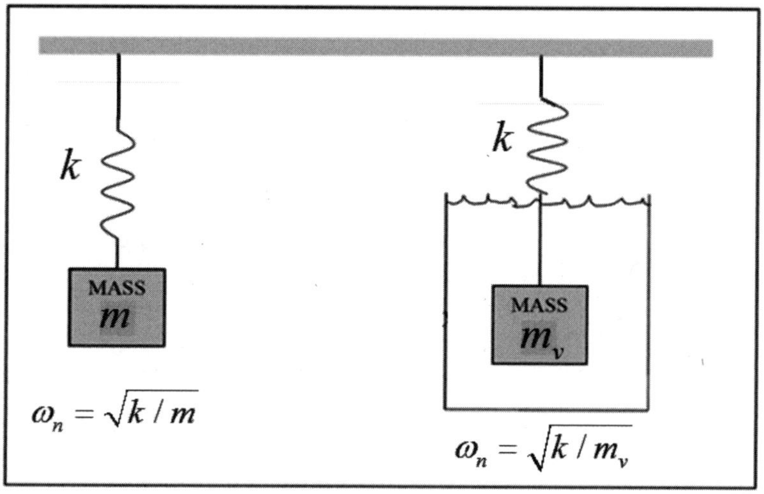

그림 7-4 물 속에 놓인 질량의 자유 동요

이를 정리하여 다음을 얻는데,

$$(m+m_a)\ddot{x}+kx = m_v\ddot{x}+kx = 0 \tag{19}$$

이 계의 고유진동수는 $\sqrt{\dfrac{k}{m}}$ 가 아니라 $\sqrt{\dfrac{k}{m_v}}$ 이며, 식 (19)에 따르면 물체의 질량 m을 가상질량 m_v가 대체하였음에 유의한다. 실제로 부가질량의 개념은 이와 유사한 문제에 대한 Bessel(1828)의 연구로부터 유래하였다.

7.4 수면파 중에서 고정된 물체가 받는 힘

그림 7-5에 보인 바와 같이 수면파 중에 물체가 고정되어 있는 경우, 유동장은 시간에 대해서뿐만 아니라 장소에 따라서도 변화하는 불균일 비정상(nonuniform unsteady) 가속 유동장이다.

이와 같은 경우의 수면파는 입사파(incident waves)라고 부르는데, 입사파의 파장 λ가 물체의 길이 L에 비해 대단히 큰 경우, 즉 $\dfrac{\lambda}{L} \gg 1$인 경우에는 물체의 중심 부근에서의 유동장의 시간에 따른 변화가 물체 전 길이에 걸쳐 거의 동일하며, 또한 입사파가 물체에 의해 변형됨이 거의 없을 것이므로, 앞 절에서 고찰한 가속 유동장에 위치한 물체의 경우와 유사하게 가상질량에 상응하는 힘을 받는 것으로 생각할 수 있다. 단 수표면이 있으므로, 물체의 경상(mirror image)이 수면 위에 더해진 이중물체(double body)가 무한 유체 중에서 받는 힘의 절반을 받을 것이다.

그러나 입사파의 파장 λ가 물체의 길이 L과 비슷한 경우, 즉 $\dfrac{\lambda}{L} = O(1)$인 경우에는 유동의 불균일성도 고려해야 하지만 더 근본적으로 입사파가 물체 때문에 변형되는 부분이 상당할 것이므로 이 영향을 고려해 주어야 한다. 이와 같이 입사파가 고정된 물체의 존재 때문에 변형되는 현상을 회절(diffraction)이라고 하는데, 회절이 발생하면 수면파는 입사파와 파의 변형을 나타내는 파, 즉 산란파(scattered waves)의 중첩으로 주어진다고 볼 수 있다.

여기서 입사파에 의한 힘은 통상 Froude-Krylov 힘이라고 부르며, 선박의 횡동요(roll)와 관련하여 Froude(1861)는 입사파에 의한 힘만 고려하여 문제를 풀었으므로, 이와 같은 명칭으로 불리고, 산란파를 무시하고 이와 같이 입사파에 의한 힘만으로 근사하는 것을 Froude-Krylov 근사라고 부른다. 위에서 논의한 $\frac{\lambda}{L} \gg 1$인 경우에는 물론 Froude-Krylov 근사를 사용한 것일 뿐만 아니라, 물체 길이에 걸친 불균일성 또한 무시한 경우이다. 한편, Froude-Krylov 근사를 하는 경우에도, 입사파에 의한 힘과 입사파의 변위는 일반적으로 위상차를 가질 것임에 유의한다.

마지막으로 입사파의 파장 λ가 물체의 길이 L에 비해 대단히 작은 경우, 즉 $\frac{\lambda}{L} \ll 1$인 경우에는 물체에 미치는 입사파의 영향이 무시할 만큼 작으므로, 수면파의 영향 자체를 무시하고 풀 수 있다.

결론적으로 회절에 의한 산란파를 구해야 하는 문제에 대해서는 수학적으로 약간 복잡한 문제를 풀어서 해를 구해야 하지만, 대부분의 설계 및 연구 관련 기관에서는 이와 같은 문제를 풀 수 있는 수치 코드를 보유하고 있으므로 크게 어려운 문제는 아니며, 이에 대해서는 선박의 운동과 관련하여 11장, 12장, 13장에서 보다 자세히 다루기로 한다.

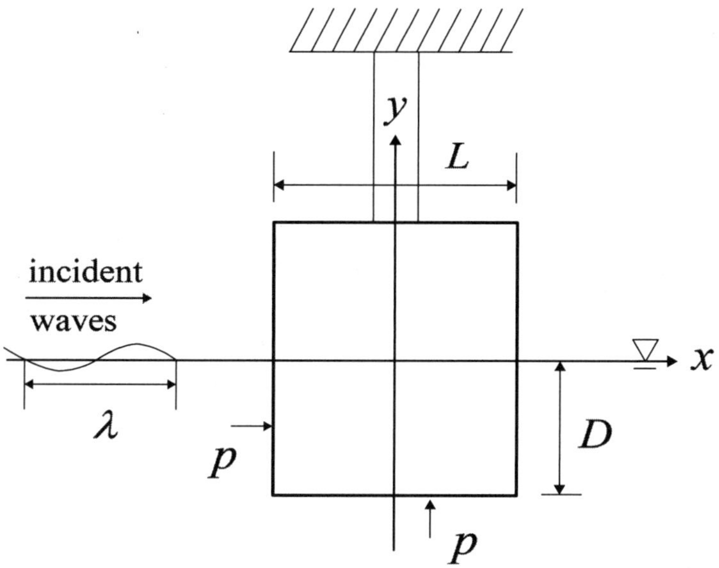

그림 7-5 수면파 중에 고정되어 있는 물체

연습문제

7-1. 식 (3)의 원주 방향 속도 성분에 대해 합리적으로 설명하시오.

7-2. 수동압의 x 방향 성분을 원주에 대해 적분할 때, 많이 사용되는 다음과 같은 조화 함수의 직교성(orthogonality)을 증명하시오.

$$\int_0^{2\pi} \cos^m\theta \sin^n\theta d\theta = 0, \int_0^{2\pi} \cos^2\theta d\theta = \int_0^{2\pi} \sin^2\theta d\theta = \pi \tag{E1}$$

여기서 m, n은 양의 정수이다.

7-3. 식 (1)과 (13)으로 주어지는 속도포텐셜을 사용하여 원주에 작용하는 수동압의 y 방향 성분을 적분하고, 두 경우 모두 원주에 작용하는 양력(lift)이 영임을 보이시오.

7장 쉬어가기

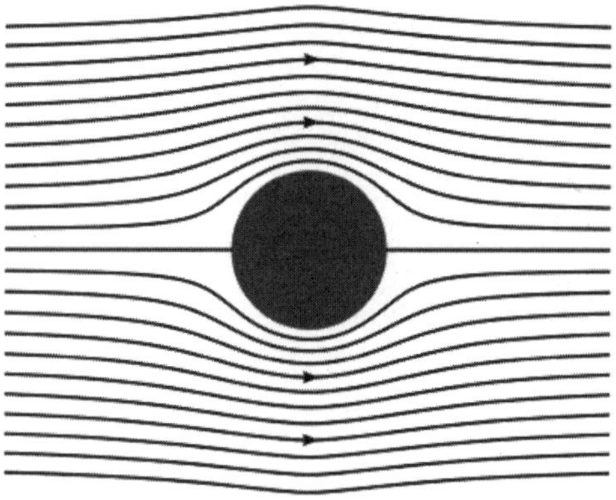

쉬어가기 그림 7-1 d'Alembert와 그의 역설

d'Alembert(1717-1783, France)는 1752년 발표한 'Essay of a new theory for the resistance of fluids'라는 논문에서 다음과 같이 7장 1절에서 다룬 그의 역설을 표현하였다(쉬어가기 그림 7-1).

"It seems to me that the theory, developed in all possible rigor, gives, at least in several cases, a strictly vanishing resistance, a singular paradox which I leave to future Geometers to elucidate."

여기서 theory는 포텐셜 유동에 대한 이론을 뜻하며, Geometers는 당시에는 수학자를 뜻했다.

Bessel(1784-1846, Germany)은 1828년 유체 중에서의 단진자의 운동과 관련하여 7장 2절에서 다룬 부가질량의 개념에 대해 주목하였다(쉬어가기 그림 7-2).

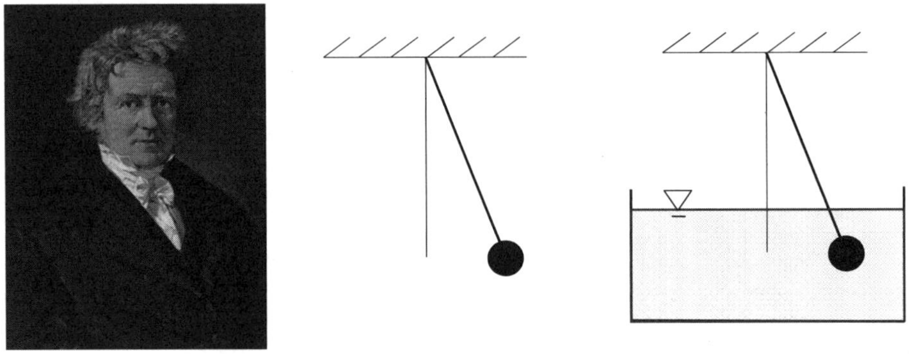

쉬어가기 그림 7-2 Bessel과 부가질량의 영향

Chapter 8

스프링-질량-감쇠기(SMD, Spring-Mass-Damper)계

8.1 SMD계의 자유 동요

상미분 방정식, 통상적으로는 그냥 미분 방정식에 대해 배우는 공과 대학생들이 반드시 이해해야 하는 과제 중의 하나가 바로 SMD계의 해의 특성에 대한 것이다. 유체역학 문제는 아니지만 선박해양유체역학과 관련하여 고려되는 여러 가지 미분 방정식의 형태가 SMD계의 운동 방정식과 동일하거나 유사하므로, 이 절에서는 먼저 자유 동요(free oscillation)에 대해 고려하기로 한다.

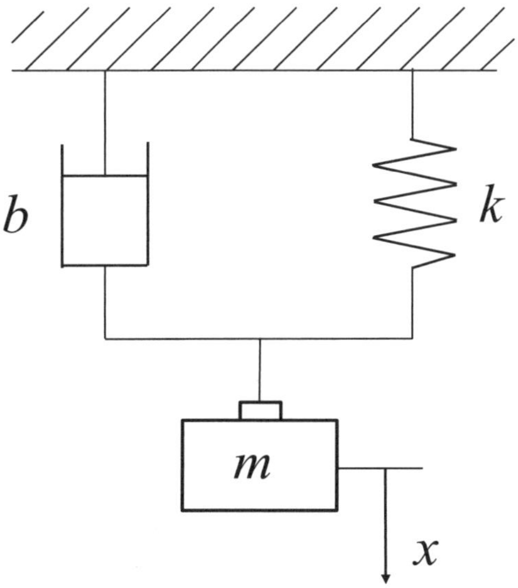

그림 8-1 SMD계의 개략도

SMD계의 물리적 특성은 그림 8-1에 보인 것과 같이 스프링의 스프링 상수 k, 감쇠기의 감쇠계수 b, 물체의 질량 m에 의해 확정된다. 외부에서 어떤 힘도 가해지지 않을 경우 물체는, 자중에 의해 $\delta_0 = \frac{mg}{k}$만큼 처질 것이며, 이 상태는 자중과 스프링의 반력 $k\delta_0$가 정적 평형(static equilibrium)을 이루고 있는 상태이다. 물체의 운동 변위를 이 상태를 기준으로 하여 재기로 하고, 정적 평형 상태의 물체에 약간의 힘을 가하여 $x = x_0$의 위치까지 변위시킨 후, 물체를 가만히 놓게 되면 이후 물체는 어떤 운동을 할 것인지에 대해 생각해 보자.

운동의 예측을 위해서는 Newton의 운동 법칙을 적용해야 하며, 그림 8-2에 보인 바와 같은 자유 물체도(free body diagram)를 고려한다. 물체의 변위가 임의의 값 x일 때, 물체가 받는 힘은 감쇠기와 스프링에 의해 가해지는데, 감쇠기는 물체의 속도에 비례하는 힘을, 그리고 스프링은 물체의 변위에 비례하는 힘을 각각 속도와 변위의 반대 방향으로 물체에 가하게 된다. 따라서 Newton의 운동 법칙은 다음과 같은 2계 미분 방정식의 형태로 주어진다.

$$m\ddot{x} = -b\dot{x} - kx \tag{1}$$

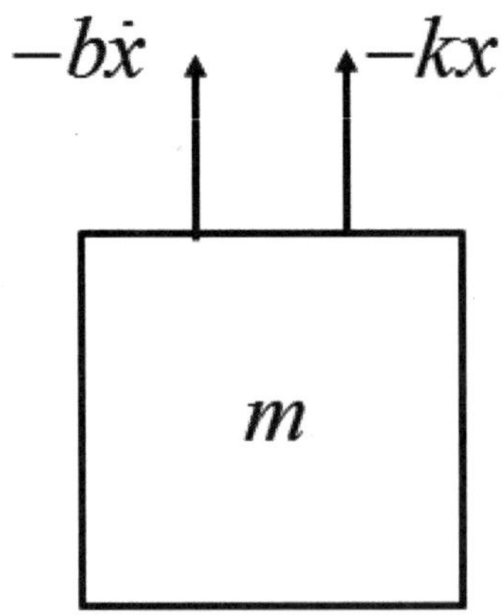

그림 8-2 자유 물체도

일단 이와 같은 미분 방정식이 얻어지면 이 미분 방정식을 풀어서 해를 구하는 것은 수학적인 과정으로 여기는 학생들이 많다. 그러나 이 미분 방정식을 푸는 것이 수학적 과정이기는 하지만 이 문제의 해를 얻고 나면 그 해가 의미하는 바가 무엇인지에 대한 해석은 전적으로 공학적인 문제임에 유의하기를 바란다.

식 (1)의 우변을 좌변으로 이항하여 다시 쓰면 다음을 얻고,

$$m\ddot{x} + b\dot{x} + kx = 0 \tag{2}$$

좀 더 다루기 쉬운 형태로 바꾸기 위해 양변을 m으로 나누어 주어 다음 결과를 얻는다.

$$\ddot{x} + \frac{b}{m}\dot{x} + \frac{k}{m}x = 0 \tag{3}$$

감쇠기가 없는 계에 대해서는 $b = 0$으로 취하여 다음 결과를 얻는데,

$$\ddot{x} + \frac{k}{m}x = 0 \tag{4}$$

여기서 $\frac{k}{m} = \omega_n^2$으로 놓으면, 식 (4)는 $\sin\omega_n t$, $\cos\omega_n t$의 조화 함수를 해로 가지는 미분 방정식임을 쉽게 알 수 있다. 따라서 ω_n은 이 계의 고유진동수(natural frequency)로 불리며, SMD계의 매우 중요한 특성 중의 하나이다.

이제 ω_n을 사용하여 식 (3)을 다시 쓰면 다음을 얻는데,

$$\ddot{x} + 2\zeta\omega_n\dot{x} + \omega_n^2 x = 0 \tag{5}$$

여기서 ζ는 다음과 같이 주어지는 무차원 감쇠계수(dimensionless damping coefficient)로 불리는 양이다.

$$\zeta = \frac{1}{2\omega_n}\frac{b}{m} = \frac{1}{2}\sqrt{\frac{m}{k}}\frac{b}{m} = \frac{b}{2\sqrt{mk}} \tag{6}$$

ζ를 도입하는 이유는 나중에 더 확실해 지겠지만 우선 무차원량으로 감쇠계수의 크기를 척도하는 역할을 할 수 있다는 점이 중요하다. 일반적인 실제 계에 있어서 ζ는 1보다 꽤 작은 값을 가지는 것이 상례이며, 따라서 이하에서는 $\zeta < 1$을 가정하기로 한다.

식 (5)를 푸는데 있어 가장 기본적인 발상은 미분 방정식을 대수 방정식으로 바꾸는 것이다. 예를 들어 2차 방정식의 해를 구하는 것은 공대생이면 누구나 할 수 있지만 식 (5)의 해를 직접 구하는 것은 아무나 할 수 있는 일은 아닐 것이다. 식 (5)를 2차 방정식으로 바꾸는 작업은 다음과 같이 $x(t)$를 지수가 복소수인 지수 함수로 가정함으로써 이루어진다.

$$x(t) = e^{st} \tag{7}$$

이 가정은 지수 함수의 미분 특성을 이해함으로써 납득할 수 있는데, 식 (5)를 좀 더 들여다보면 함수 $x(t)$와 함수의 1계 미분, 2계 미분에 상수를 곱한 양들의 합이 영이 되고 있으므로, $x(t)$는 미분에 의해 함수의 형태가 변화하지 않는 함수이어야 함을 알 수 있으며, 지수 함수는 아무리 미분을 하여도 그 함수의 형태가 변화하지 않는 함수라는 점으로부터 식 (7)과 같은 가정의 타당성을 이해할 수 있다.

이제 식 (7)을 식 (5)에 대입하면 다음과 같은 s에 대한 2차 방정식을 얻는다.

$$s^2 + 2\zeta\omega_n s + \omega_n^2 = 0 \tag{8}$$

근의 공식을 사용하면 식 (8)의 해는 다음과 같은데,

$$s = \omega_n\left(-\zeta \pm i\sqrt{1-\zeta^2}\right) = -\omega_n\zeta \pm i\omega_d,\ \omega_d = \sqrt{1-\zeta^2}\,\omega_n \tag{9}$$

여기서 $i = \sqrt{-1}$ 이며, $\zeta < 1$ 이라는 가정을 사용하였다. 이 식의 간결성은 바로 무차원 감쇠계수를 도입한데 기인하는 점임을 지적해 둔다.

따라서 식 (5)의 일반해는 다음과 같이 쓸 수 있는데,

$$x(t) = e^{-\zeta\omega_n t}\left(C_1 e^{i\omega_d t} + C_2 e^{-i\omega_d t}\right) \tag{10}$$

여기서 C_1, C_2 는 미정의 복소수(complex number)인 상수이다. 식 (10)은 다음과 같은 Euler의 공식을 사용하면,

$$e^{\pm i\theta} = \cos\theta \pm i\sin\theta \tag{11}$$

다음과 같이 바꾸어 쓸 수 있으며,

$$x(t) = e^{-\zeta\omega_n t}\left(A\cos\omega_d t + B\sin\omega_d t\right) \tag{12}$$

여기서 $A = C_1 + C_2$, $B = i\left(C_1 - C_2\right)$ 로 미정인데, 식 (12)는 물체의 운동을 나타내므로 A, B는 이제 당연히 실수(real number)인 상수이어야 한다.

이들 상수는 물체가 처해 있던 초기 상태에 의해 정해지는데, 초기, 즉 $t = 0$ 일 때, 물체를 $x = x_0$ 의 위치에서 살며시 놓았으므로 다음과 같은 초기 조건(initial conditions)을 만족시켜야 함을 알 수 있다.

$$\dot{x}(0) = 0,\ x(0) = x_0 \tag{13}$$

먼저 변위에 대한 초기 조건으로부터 다음을 얻고,

$$A = x_0 \tag{14}$$

속도에 대한 초기 조건으로부터 다음을 얻으므로,

$$B = \frac{\zeta}{\sqrt{1-\zeta^2}} A = \frac{\zeta}{\sqrt{1-\zeta^2}} x_0 \tag{15}$$

식 (14)와 (15)를 식 (12)에 대입하여, 결국 얻고자 하던 물체의 운동에 대한 해를 다음과 같이 얻는다.

$$x(t) = x_0 e^{-\zeta\omega_n t}\left(\cos\omega_d t + \frac{\zeta}{\sqrt{1-\zeta^2}}\sin\omega_d t\right) \tag{16}$$

먼저 ζ는 무차원량이므로, 식 (16)은 차원적으로 맞는 결과임을 확인할 수 있으며, 식 (16) 우변의 괄호 안에 있는 양에 대해서는 단진동 합성에 의해 다음과 같이 바꾸어 쓸 수 있고,

$$x(t) = \frac{x_0}{\sqrt{1-\zeta^2}} e^{-\zeta\omega_n t}\cos(\omega_d t - \epsilon_0) \tag{17}$$

여기서 위상차 ϵ_0는 다음과 같이 정의된 양이다.

$$\tan^{-1}\epsilon_0 = \frac{\zeta}{\sqrt{1-\zeta^2}} \tag{18}$$

식 (17)로 주어진 해에 포함되어 있는 세 개의 매개변수 x_0, ζ, ω_n의 역할에 대해 살펴본다.

첫째로 식 (17)은 진폭이 $\frac{x_0}{\sqrt{1-\zeta^2}} e^{-\zeta\omega_n t}$, 진동수가 $\omega_d = \sqrt{1-\zeta^2}\,\omega_n$, 위상차가 ϵ_0인 조화 운동으로 볼 수 있다. $\dot{x}(0) = 0$임을 생각하면 $t = 0$에서 변위는 최대치 x_0를 가지며, $t > 0$에 대해 $e^{-\zeta\omega_n t}$는 항상 1보다 작으므로 변위의 크기는 x_0보다 항상 작아야 한다(그림 9-1 참조). 또 진폭이 $e^{-\zeta\omega_n t}$에 따라 감소하므로, $t = \frac{\pi}{\zeta\omega_n}$에

서, $e^{-\pi} \simeq 0.043$이므로, 초기 변위의 4% 정도로 감소한다. 따라서 $t \to \infty$가 되면 결국 운동은 소멸되어 물체는 거의 정지 상태에 도달할 것이다. 한편, 감쇠계수가 영이 아니면 조화감쇠 동요의 진동수는 고유진동수 ω_n이 아닌 $\omega_d = \sqrt{1-\zeta^2}\,\omega_n$이다.

둘째로 위상차는 전적으로 ζ에 의해 결정되며, ζ가 크면 클수록 위상차는 증가한다. 이외에도 ζ는 두 가지 역할을 하고 있다. 운동의 진폭이 시간에 따라 감소하는 경향은 $\zeta\omega_n$의 크기에 따라 결정되는데, ζ가 작으면 작을수록 운동의 크기는 서서히 감소하며, 또한 진동수 ω_d는 ζ가 작으면 작을수록 고유진동수 ω_n에 가까운 값을 가진다.

셋째로 ω_n 역시 두 가지 역할을 하고 있는데, 운동의 진폭이 시간에 따라 감소하는 경향과 진동수를 결정하고 있다.

8.2 SMD계의 강제 동요

앞 절에서는 SMD계에 대해 외부적인 힘이 가해지지 않은 경우에 대해 고려하였는데, 여기서는 그림 8-3에서와 같이 외부적인 힘, 즉 외력(external force)이 가해지는 강제 동요(forced oscillation)에 대해 고려하며, 특히 외력 역시 조화 함수로 주어지는 경우에 대해 생각하기로 한다.

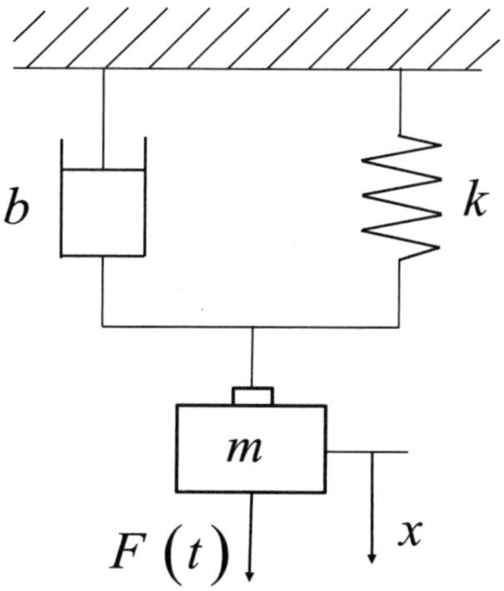

그림 8-3 SMD계의 강제 동요

외력이 진폭 F_0이고 진동수 ω인 cos 함수로 주어진다면, 운동 방정식은 Newton의 운동 법칙으로부터 다음과 같이 얻을 수 있다.

$$m\ddot{x} = -b\dot{x} - kx + F_0\cos\omega t \tag{19}$$

이 식에서 속도, 가속도가 영이고 외력의 진동수 역시 영인 정적인 상태를 고려하면 물체는 $\delta = \dfrac{F_0}{k}$ 만큼 변위될 것이며 이 변위 δ는 정적 변위(static displacement)로 불린다. 식 (19)를 풀어 해를 구했을 때, 즉 외력의 진동수가 영이 아닌 경우, 물체의 변위가 정적 변위보다 큰 구간에 대해서는 위와 같은 동역학적 해석이 의미가 있을 것이며, 그렇지 않을 경우에는 정역학적으로 문제를 고려하여도 큰 문제가 발생하지 않을 것이라는 점을 미리 유의해 둔다.

앞 절에서와 같이 식 (19) 우변의 처음 두 항을 좌변으로 이항하고, 양변을 m으로 나누어 준 후 다시 쓰면 다음을 얻는다.

$$\ddot{x} + 2\zeta\omega_n\dot{x} + \omega_n^2 x = f_0\cos\omega t \tag{20}$$

여기서 $f_0 = \dfrac{F_0}{m}$ 이며 가속도의 차원을 가진 양이다.

식 (20)과 같은 미분 방정식을 풀기 위해서는 선형 방정식의 특성에 대한 이해가 요구된다. 예를 들어 식 (20)에서 우변이 영인 경우는 바로 앞 절에서 고려한 식 (5)가 되는데, 식 (20)의 어떤 해를 하나 알고 있을 경우, 여기에 식 (5)의 해에 어떤 상수를 곱하여 더하여도 그 함수는 식 (20)을 만족한다. 따라서 식 (20)의 해는 식 (5)의 해에 '정말' 식 (20)을 만족하는 함수를 더해준 형태로 얻어질 것이다. 식 (5)의 해는 이미 앞 절에서 식 (12)로 구한 바 있으므로, 이 절에서 식 (20)의 해를 구하기 위해 우리가 할 일은 '정말' 식 (20)을 만족하는 해를 구하는 것이다. 수학적으로는, 이 '정말' 식 (20)를 만족하는 해는 통상 특수해(particular solution)라고 부르며, 식 (5)의 해는 제차해(homogeneous solution), 특수해와 제차해의 합으로 주어지는 해는 일반해(general solution)라고 부른다.

특수해를 구하기 위해 식 (20)을 관찰하면, 결국 어떤 함수와 그 함수의 1계 미분, 2계 미분에 상수를 곱해 더해준 결과가 cos 함수가 되어야 하므로, 우리가 구하고자 하는 특수해 $\xi(t)$는 다음과 같은 형태를 가진 조화 함수이어야 한다.

$$\xi(t) = \alpha\cos\omega t + \beta\sin\omega t \tag{21}$$

여기서 α, β는 미정의 실수 상수이다.

물론 식 (21)을 그대로 사용하여 특수해를 구할 수도 있지만 연산을 간편하게 하기 위해 단진동 합성과 식 (11)의 Euler 공식을 사용하여 다음과 같이 바꾸어 쓸 수 있다.

$$\xi(t) = \sqrt{\alpha^2+\beta^2}\cos(\omega t - d) = Re\,Ce^{i\omega t} \tag{22}$$

여기서 $\tan d = \dfrac{\beta}{\alpha}$, $C = \sqrt{\alpha^2+\beta^2}\,e^{-id}$인 미정의 복소 상수이며, Re는 실수부를 뜻한다.

식 (22)를 식 (20)에 대입하면 다음 결과를 얻고,

$$Re\left(-\omega^2 + 2i\zeta\omega_n\omega + \omega_n^2\right)Ce^{i\omega t} = Re f_0 e^{i\omega t} \tag{23}$$

이 식을 정리하면 미정의 복소 상수 C에 대해 다음을 얻는다.

$$C = \frac{f_0}{\omega_n^2 - \omega^2 + 2i\zeta\omega_n\omega} \tag{24}$$

무차원 진동수 Ω를 다음과 같이 정의하고,

$$\Omega = \frac{\omega}{\omega_n} \tag{25}$$

식 (24) 우변의 분모 분자를 ω_n^2으로 나누어 준 뒤 Ω를 사용하여 정리하고, 식 (19) 아래에서 논의한 바 있는 정적 변위 $\delta = \dfrac{F_0}{k}$를 사용하여 다음 결과를 얻는다.

$$C = \frac{F_0}{k}\frac{1}{1-\Omega^2+2i\zeta\Omega} = \delta R(\zeta,\Omega) \tag{26}$$

여기서 $R(\zeta,\Omega)$은 무차원량이며 복소 진동수 응답(complex frequency response)으로 불리고, 다음과 같이 다시 쓸 수 있다.

$$R = |R|e^{-i\epsilon} = \frac{e^{-i\epsilon}}{\sqrt{(1-\Omega^2)^2+(2\zeta\Omega)^2}} \tag{27}$$

위 식에서 $|R|$은 **복소 진동수 응답의 크기**(MCFR, Modulus of Complex Frequency Response)이며, 위상차 ϵ은 다음과 같이 주어진다.

$$\tan^{-1}\epsilon = \frac{2\zeta\Omega}{1-\Omega^2} \tag{28}$$

따라서 $\xi_0 = \delta|R|$이라고 하면, 식 (20)의 특수해는 다음과 같이 얻을 수 있으며,

$$\xi(t) = Re\,Ce^{i\omega t} = \xi_0\cos(\omega t-\epsilon) \tag{29}$$

앞 절에서 구한 제차해 식 (12)를 더하여 일반해는 다음과 같이 얻는다.

$$x(t) = e^{-\zeta\omega_n t}\left(A\cos\sqrt{1-\zeta^2}\,\omega_n t + B\sin\sqrt{1-\zeta^2}\,\omega_n t\right) + \xi_0\cos(\omega t-\epsilon) \tag{30}$$

이 식에 포함된 실수 상수 A, B는 초기 조건을 만족하도록 결정할 수 있는데, 초기 조건이 $x(0)=x_0$, $\dot{x}(0)=\dot{x}_0$이라고 하면, 먼저 초기 변위에 대한 조건으로부터 다음을 얻고,

$$A = x_0 - \xi_0 \cos\epsilon \tag{31}$$

초기 속도에 대한 조건으로부터 다음을 얻으므로,

$$B = \frac{1}{\sqrt{1-\zeta^2}}\left\{\zeta x_0 + \frac{\dot{x}_0}{\omega_n} - \xi_0(\zeta\cos\epsilon + \Omega\sin\epsilon)\right\} \tag{32}$$

식 (31), (32)를 (30)에 대입하여 주어진 초기 조건을 만족하는 일반해를 확정할 수 있다.

식 (30)에 따르면 제차해는 앞 절에서 본 것처럼 진폭이 $e^{-\zeta\omega_n t}$에 따라 감소하므로, $t\to\infty$가 되면 결국 소멸되어 물체의 운동에 큰 영향을 미치지 못할 것이다. 이런 연유로 제차해는 통상 과도해(transient solution)라고도 불린다. 또 $t\to\infty$가 되면 결국 특수해만 남게 되므로 특수해는 통상 정상해(steady solution)라고 불린다.

초기 조건의 영향은 제차해에 포함된 상수를 결정하는데 사용되므로, 초기 조건은 정상해에는 아무런 영향도 끼치지 못함을 알 수 있다. 정상해의 진폭 ξ_0를 정적 변위 δ로 무차원화한 값, 즉 MCFR $|R|$은 무차원 진동수 Ω와 무차원 감쇠계수 ζ만의 함수로 주어지며, 다음과 같고,

$$|R| = \frac{\xi_0}{\delta} = \frac{1}{\sqrt{(1-\Omega^2)^2 + (2\zeta\Omega)^2}} \tag{33}$$

이 MCFR을 그림 8-4에 보였으며, 이와 같은 곡선을 응답 곡선(response curves)이라고 부른다.

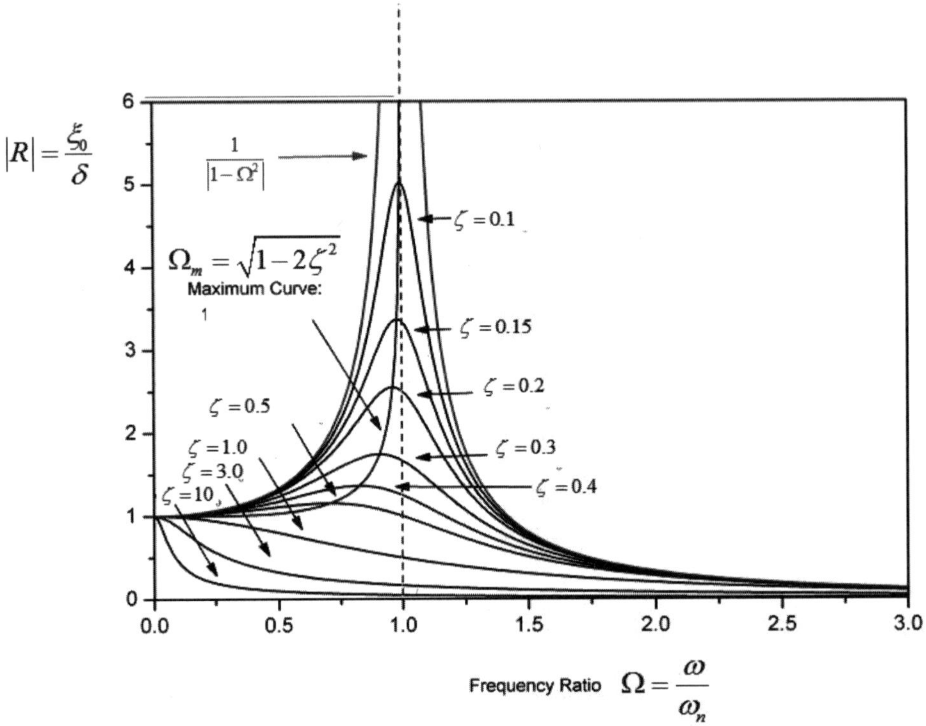

그림 8-4 MCFR $|R|$; 응답 곡선

$\Omega = 0$은 정적 외력에 해당하므로, 이때는 $\xi_0 = \delta$, 즉 $|R| = 1$이 되어야 하며, $\Omega \ll 1$인 영역에서는 $|R| > 1$이기는 하지만 1보다 그리 크지 않으므로, 동요의 진폭 ξ_0가 정적 변위 δ와 큰 차이가 없다.

Ω가 증가하여 1과 비슷한 크기를 가지면 $|R|$은 국부 최대값을 가진다. 특히 $\Omega \simeq 1$ 부근에서는 MCFR의 크기가 상당히 커서 통상 공진(resonance)이라고 부르는 현상이 발생하는데, 공진은 외력의 진동수와 계의 고유진동수가 거의 비슷하여 계의 MCFR이 과도하게 커지는 현상을 뜻한다.

$\Omega \gg 1$인 영역에서는 MCFR이 1보다 작으며, Ω가 증가함에 따라 서서히 감소하는데, $|R| = 1$의 조건은 식 (33)으로부터 다음 식으로 주어진다.

$$(1-\Omega^2)^2+(2\zeta\Omega)^2=1 \tag{34}$$

이 식은 $\Omega^2=\alpha$에 대한 2차 방정식으로 볼 수 있고, 다음과 같이 정리된다.

$$\alpha^2-2\alpha(1-2\zeta^2)=\alpha\{\alpha-2(1-2\zeta^2)\}=0 \tag{35}$$

따라서 $\alpha=2(1-2\zeta^2)<2$에서 $|R|<1$이 되므로, 즉 $\Omega>\sqrt{2}$에서는 ζ의 값에 상관없이, 동요의 진폭이 정적 변위보다 작아짐을 알 수 있다.

그러므로 $|R|$이 1보다 작은 값을 가지며 Ω가 증가함에 따라 단조 감소하는 $\Omega>\sqrt{2}$인 영역에서는, 어떤 ζ에 대해서도 동역학적인 해석이 중요하지 않으나, $\Omega<\sqrt{2}$인 영역에서는 특히 $\zeta\ll 1$인 때에는 동역학적 해석에 의한 해가 매우 중요한 의미를 가진다.

$|R|$의 국부 최대값은 $\dfrac{d|R|}{d\Omega}=0$이 성립하는 $\Omega=\Omega_m$에서 발생하며, 이 조건은 식 (33) 우변의 분모인 제곱근 안의 양이 국부 최소값을 가지는 조건과 같으므로 다음 조건을 얻으며,

$$-(1-\Omega^2)+2\zeta^2=0, \tag{36}$$

이 식으로부터 Ω_m에 대해 다음 결과를 얻는다.

$$\Omega_m=\sqrt{1-2\zeta^2}\simeq 1-\zeta^2 \tag{37}$$

여기서 위 식의 마지막 근사는 $\zeta\ll 1$일 때 성립하는 식이다. 일반적으로 $\zeta\ll 1$인 점을 생각하면, MCFR의 최대값은 $\Omega=1$에 매우 가까운 진동수에서 발생하며, Ω_m은 항상 1보다 작은 점에 유의한다.

MCFR이 최대값을 가지는 Ω_m에 상응하는 진동수는 공진 진동수(resonant frequency)

로 정의되며 $\omega_m = \Omega_m \omega_n$으로 주어진다. 또 $\Omega = \Omega_m$에서의 MCFR, $|R|$의 값, 즉 $|R|_m$은 다음과 같이 주어진다.

$$|R|_m = \frac{1}{\sqrt{(2\zeta^2)^2 + 4\zeta^2(1-2\zeta^2)}} = \frac{1}{\sqrt{4\zeta^2 + 4\zeta^4}} = \frac{1}{2\zeta\sqrt{1+\zeta^2}} \simeq \frac{1}{2\zeta} \quad (38)$$

위에서 마지막 근사는 역시 $\zeta \ll 1$일 때 성립한다. 식 (37), (38)에 따르면 MCFR은 $\Omega_m \simeq 1-\zeta^2$에서 그 최대값으로 $\dfrac{1}{2\zeta}$의 값을 가짐을 알 수 있으며, 이 값들이 모두 무차원 감쇠계수 ζ만의 함수로 주어짐에 유의한다.

식 (38)의 마지막 결과는 식 (33)에서 $\Omega = 1$, 즉 $\omega = \omega_n$을 취했을 때의 $|R|$의 값과 정확하게 같고, 식 (37)에서 알 수 있는 바와 같이 $\zeta \ll 1$일 때 $|R|$의 최대값은 $\Omega = 1$ 부근에서 발생하므로, 경우에 따라 공진 진동수를 $\omega = \omega_n$, 즉 $\Omega = 1$로 간주하기도 한다. 단 이 경우, $\Omega = 1$에서 $|R|$의 최대값이 발생하는 것은 아니라는 점에 유의해야 한다.

MCFR이 최대인 곳 부근에서는 ζ가 운동의 진폭에 결정적인 영향을 미치며, ζ가 작을수록 ζ에 반비례하여 증가하는 최대값을 가진다. 예를 들어 $\zeta = 0.1$인 경우에는 $\Omega_m \simeq 0.99$에서 $|R|_m \simeq 5$이므로, 이는 동요의 진폭이 고유진동수 ω_n 부근에서 정적 변위의 다섯 배에 달함을 뜻한다.

SMD계의 동요는 따라서 외력의 진동수가 고유진동수에 가까울 때, 매우 크게 증가할 수 있으며, 이를 방지하기 위해서는 감쇠계수를 증가시켜야 함을 알 수 있다. 예를 들어 $\zeta = 0.25$이면, $\Omega_m \simeq 0.94$에서 $|R|_m \simeq 2$이므로, 가능하면 계의 고유진동수와 외력의 진동수를 가깝지 않도록 해야 하지만, 어쩔 수 없이 SMD계에 작용하는 외력의 진동수가 고유진동수와 비슷한 경우, $|R| < 2$를 만족시키기 위해서는 최소한 $\zeta = 0.25$의 값을 확보해야 할 것이다.

8.3 스프링-질량(SM, Spring-Mass)계의 공진 응답

이 절에서는 SM계, 즉 감쇠가 없는 계가 공진 상태에 있을 때, 운동 방정식의 해를 구하여 그 응답이 시간에 따라 어떻게 변화하는지 알아보기로 한다. 운동 방정식은 다음과 같이 쓸 수 있고,

$$\ddot{x} + \omega_n^2 x = f_0 \cos\omega_n t \tag{39}$$

여기서 $\omega_n^2 = k/m$, $f_0 = F_0/m$이며, 초기 조건은 $x(0) = x_0$, $\dot{x}(0) = 0$이라고 한다.

먼저 제차해는 다음과 같이 얻을 수 있으며,

$$x_h = A\cos\omega_n t + B\sin\omega_n t \tag{40}$$

여기서 A, B는 아직 정해지지 않은 상수이다. 특수해를 구하기 위해 Euler 공식을 이용하면 식 (39)의 우변에 대해 다음을 사용하기로 하고,

$$\cos\omega_n t = Re\left\{e^{i\omega_n t}\right\} \tag{41}$$

특수해 $x_p(t)$를 다음과 같이 가정한다.

$$x_p = Re\left\{C(t)e^{i\omega_n t}\right\} = Re\{C(t)E(t)\} \tag{42}$$

이 식을 t에 대해 미분하고 실수부만을 취하기로 하여 Re을 생략하면, 다음을 얻는다.

$$\dot{x}_p = \left(\dot{C} + i\omega_n C\right)E, \quad \ddot{x}_p = \left(\ddot{C} + 2i\omega_n \dot{C} - \omega_n^2 C\right)E \tag{43}$$

이 식과 식 (41), (42)를 식 (39)에 대입하면 다음을 얻으며,

$$\ddot{C} + 2i\omega_n \dot{C} = f_0 \tag{44}$$

$\dot{C} = D$로 놓으면 이 식은 다음과 같이 쓸 수 있다.

$$\dot{D} + 2i\omega_n D = f_0 \tag{45}$$

이 식은 1계 비제차 선형 미분 방정식이므로, 일반해가 알려져 있지만, 분리형이기도 하므로 직접 해를 구하기로 하고 다음과 같이 다시 쓰면

$$\frac{dD}{2i\omega_n D - f_0} = -dt \tag{46}$$

양변을 적분하여 다음 결과를 얻는다.

$$\ln\left(2i\omega_n D - f_0\right) = -2i\omega_n t \tag{47}$$

이 식의 양변에 지수 함수를 취하여 정리하면 다음을 얻고,

$$D = \frac{1}{2i\omega_n}\left(f_0 + e^{-2i\omega_n t}\right) \tag{48}$$

이 식을 적분하여 $C(t)$를 다음과 같이 얻는다.

$$C = \frac{1}{2i\omega_n}\left(f_0 t - \frac{e^{-2i\omega_n t}}{2i\omega_n}\right) \tag{49}$$

식 (49)를 식 (42)에 대입하면 다음을 얻으며,

$$x_p = Re\left\{C(t)e^{i\omega_n t}\right\} = Re\left\{\frac{1}{2i\omega_n}\left(f_0 t e^{i\omega_n t} - \frac{e^{-i\omega_n t}}{2i\omega_n}\right)\right\}$$

$$= \frac{1}{2\omega_n} f_0 t \sin\omega_n t - \frac{\cos\omega_n t}{4\omega_n^2} \tag{50}$$

여기서 우변의 마지막 항은 제차해인 식 (40)의 첫째 항과 같은 항으로 볼 수 있으므로 무시하기로 하고, 식 (40)을 고려하여 일반해를 다음과 같이 얻는다.

$$x(t) = A\cos\omega_n t + B\sin\omega_n t + \frac{1}{2\omega_n} f_0 t \sin\omega_n t \tag{51}$$

마지막으로 초기 조건을 고려하면 결국 식 (39)로 주어지는 공진 상태에 대한 SM계의 응답을 다음과 같이 얻는다.

$$x(t) = x_0 \cos\omega_n t + \frac{f_0}{2\omega_n} t \sin\omega_n t \tag{52}$$

이 식에 따르면, 물체의 변위는 시간이 지남에 따라 시간에 비례하여 증가함을 알 수 있으며, 또 $\dfrac{f_0}{\omega_n} = \dfrac{f_0 \omega_n}{\omega_n^2} = \dfrac{F_0}{k}\omega_n = \delta\omega_n$이므로, 만약 초기 변위 $x_0 = 0$이었다면 다음 결과를 얻는다.

$$\frac{x(t)}{\delta} = \frac{\omega_n}{2} t \sin\omega_n t \tag{53}$$

여기서 δ는 정적 변위임에 유의하며, 따라서 SM계의 공진 상태에 대한 무차원화된 응답은 고유진동수의 반을 비례상수로 하며 시간에 따라 선형적으로 증가하는 진폭을 가진다(그림 8-5 참조).

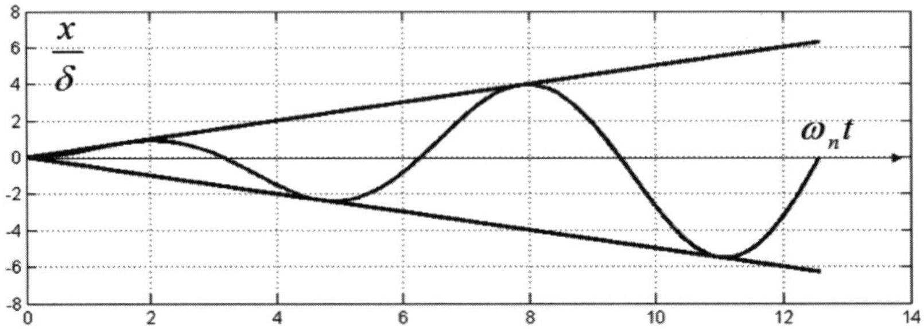

그림 8-5 SM계의 공진 상태에 대한 무차원화된 응답

식 (39)는 스프링이 작용하는 복원력이 선형일 경우에만 적용 가능하며, 변위가 증가하면 일반적으로 스프링은 변위의 3승에 비례하는 복원력을 가지게 되며, 식 (53)으로 주어지는 해는 그 타당성을 잃게 된다. 변위가 커질 경우에는 10장에서 고려할 Duffing 방정식이 운동 방정식으로 고려되어야 한다.

연습문제

8-1. 식 (12)를 사용하여 초기 조건이 $\dot{x}(0) = \dot{x}_0$, $x(0) = 0$인 경우에 대한 해를 구하시오.

8-2. 식 (17)에 $\zeta = 0.1$, $\omega_n = 2\pi$를 대입하여 $t \in [0, 8\pi]$에 대해 $x(t)$를 그리시오.

8-3. $\Omega = 1 + \Delta$, $\Delta \ll 1$, $\zeta \ll 1$인 경우는 감쇠가 작은 계에, 공진에 가까운 진동수로 외력을 가하는 경우이다. Δ와 ζ의 크기가 비슷한 경우 MCFR은 다음과 같이 근사할 수 있음을 보이시오.

$$|R| \simeq \frac{1}{2\sqrt{\Delta^2 + \zeta^2}} \tag{E1}$$

8-4. 식 (33)으로부터 $\Omega = 1$일 때의 ξ_0에 대해 다음을 보이시오.

$$\xi_0 = \frac{F_0}{b\omega_n} \tag{E2}$$

이 식에 따르면, 공진점 부근에서 동요의 진폭은 감쇠계수 b에 반비례한다.

8-5. 외력이 작용하지 않을 때, SMD계의 운동 방정식에 대해 $x(t) = e^{-\zeta\omega_n t}y(t)$의 치환을 도입하면, $y(t)$는 SM계의 운동 방정식을 만족함을 보이시오. 또 외력이 작용할 때에 대해 같은 치환을 도입하여 8장 3절의 논의가 의미하는 바에 대해 설명하시오.

8장 쉬어가기

물리, 공학수학 및 진동공학에서 기본적으로 다루고 있는 SM(Spring-Mass)계는 조화 동요(harmonic oscillation)를 하며 조화 동요는 물리 과학 전반을 통해 매우 중요한 역할을 하고 있다. 물체의 질량을 m, 스프링의 상수를 k라고 하면, Newton의 운동 법칙과 Hooke의 탄성 법칙에 근거하여 얻을 수 있는 미분 방정식인 운동 방정식 $m\ddot{x}=-kx$는 하지만 비교적 늦게 다루어졌으며, 역학 발전의 초기에는 매우 복잡한 형태의 비선형 미분 방정식들을 급수해(series solution)를 가정하는 방법으로 풀고자 하는 시도가 더 일반적이었다. Galileo(1638)에 의해 고려된 단진자(simple pendulum) 또한 현상적으로는 일찍부터 다루어졌지만 위와 같은 조화 동요로 다루어 진 것은 꽤 나중의 일이다.

Euler는 1740년 'A physical inquiry into the cause of the ebb and flow of the sea'라는 논문에서 조석과 관련된 해수면의 높이가 조화 동요로 설명될 수 있는 것을 보이며 sin 함수로 주어지는 이 미분 방정식의 해에 대해 설명하였다. 그는 이때부터 생각했던 지수 함수와 대수 함수의 해석적 정의를 1748년 'Introduction to the Analysis of the Infinite, Vol. 1'에서 다음과 같이 밝히고,

$$e^x = \lim_{n\to\infty}\left(1+\frac{x}{n}\right)^n, \tag{S1}$$

$$\ln x = \lim_{n\to\infty} n\left(x^{1/n}-1\right), \tag{S2}$$

유명한 Euler 공식 $e^{ix} = \cos x + i\sin x$를 발표하였다.

미지함수 $y(x)$에 대해 상수계수를 가지는 다음과 같은 n계의 선형 미분 방정식에 대해

$$a_0 y + a_1\frac{dy}{dx} + a_2\frac{d^2y}{dx^2} + \cdots + a_n\frac{d^ny}{dx^n} = 0 \tag{S3}$$

그 일반해를 $y=e^{zx}$로 가정하여 푸는 방법은 Euler가 1753년 발표한 논문, 'Method of integrating differential equations of higher degrees, further developed'에 기인한다. 쉬어가기 그림 8-1에 위의 미분 방정식에 $y=e^{zx}$를 대입하여 얻어지는 z에 대한 방정식이 실수인 k에 대해 $z-k$의 인자(factor)를 가질 때와, $z^2-2pz+k^2$, $p=k\cos\phi$의 인자를 가질 때에 대해 그가 구한 해를 보였다.

Faktoren	Teile des Integrals
$z-k$	αe^{kx}
$(z-k)^2$	$(\alpha+\beta x)e^{kx}$
$(z-k)^3$	$(\alpha+\beta x+\gamma x^2)e^{kx}$
$(z-k)^4$	$(\alpha+\beta x+\gamma x^2+\delta x^3)e^{kx}$
etc	etc
$zz-2kz\cos\phi+kk$	$\alpha e^{kx\cos\phi}\sin kx\sin\phi+$
	$\mathfrak{A}e^{kx\cos\phi}\cos kx\sin\phi$
$(zz-2kz\cos\phi+kk)^2$	$(\alpha+\beta x)e^{kx\cos\phi}\sin kx\sin\phi+$
	$(\mathfrak{A}+\mathfrak{B}x)e^{kx\cos\phi}\cos kx\sin\phi$
$(zz-2kz\cos\phi+kk)^3$	$(\alpha+\beta x+\gamma x^2)e^{kx\cos\phi}\sin kx\sin\phi+$
	$(\mathfrak{A}+\mathfrak{B}x+\mathfrak{C}x^2)e^{kx\cos\phi}\cos kx\sin\phi$
$(zz-2kz\cos\phi+kk)^4$	$(\alpha+\beta x+\gamma x^2+\delta x^3)e^{kx\cos\phi}\sin kx\sin\phi+$
	$(\mathfrak{A}+\mathfrak{B}x+\mathfrak{C}x^2+\mathfrak{D}x^3)e^{kx\cos\phi}\cos kx\sin\phi$
etc	etc

쉬어가기 그림 8-1 상수계수의 미분 방정식의 해, Euler(1753), 독일어 번역본

실수해 k에 상응하는 해는 αe^{kx}로 주어졌으며, 아직 허수가 온전한 숫자로 인정되기 전이고, 또 복소수가 본격적으로 사용되기 전이었으므로, 복소해 $z = p \pm i\sqrt{k^2 - p^2} = p \pm i\,q = k\,e^{i\phi}$, $q = k\sin\phi$에 상응하는 해는 $e^{px}(\alpha\sin qx + \mathfrak{A}\cos qx)$의 형태로 주어진 것을 볼 수 있다.

$z - k$ 또는 $z^2 - 2pz + k^2$의 인자가 두 개 이상 존재하는 경우에 대해서도 x의 다항식이 곱해진 형태로 해가 주어진 것에 유의한다.

위의 논의에서 Euler는 i가 아닌 $\sqrt{-1}$을 사용하고 있으며, 최초로 i가 포함된 그의 저술, 'On angular differential formulae, especially irrational ones, integrable by means of logarithms and arc circulars'은 1777년에 작성되었으나, 그의 사후인 1794년 발간되었다(쉬어가기 그림 8-2).

공진(resonance)에 대한 논리적인 설명은 Galileo(1638)에 의해 'Two new Sciences'라는 저서를 통해 처음 주어졌지만, 이에 대한 수학적 설명은 1739년 Euler에 의해 발표되었으며, 이 내용을 포함하는 그의 논문 'On a new type of oscillation'은 1750년 발간되었고, 그는 조화 동요하는 계에 대해 조화 함수 형태의 기진력이 작용하는 경우를 고려하여 공진에 대한 수학적인 결과를 최초로 얻었다.

184 SUPPLEMENTUM IV.

semper per logarithmos et arcus circulares integrari posse, id quod a casibus simplicioribus inchoando in sequentibus problematibus ostendere constitui.

Problema 1.

§. 2. *Proposita formula differentiali* $\frac{\partial \Phi \cos. \Phi}{\sqrt[n]{\cos. n\Phi}}$, *ejus integrale per logarithmos et arcus circulares investigare.*

Solutio.

Quoniam mihi quidem alia adhuc via non patet istud praestandi, nisi per imaginaria procedendo, formulam $\sqrt{-1}$ littera i in posterum designabo, ita ut sit $ii = -1$, ideoque $\frac{1}{i} = -i$. Jam ante omnia in numeratore nostrae formulae loco $\cos. \Phi$ has duas partes substituamus

$$\tfrac{1}{2}(\cos. \Phi + i \sin. \Phi) + \tfrac{1}{2}(\cos. \Phi - i \sin. \Phi),$$

atque ipsam formulam propositam per duas hujusmodi partes repraesentemus, quae sint

$$\partial p = \frac{\partial \Phi (\cos. \Phi + i \sin. \Phi)}{\sqrt[n]{\cos. n\Phi}} \text{ et } \partial q = \frac{\partial \Phi (\cos. \Phi - i \sin. \Phi)}{\sqrt[n]{\cos. n\Phi}},$$

ita ut ipsa formula nostra proposita sit $\frac{1}{2}\partial p + \frac{1}{2}\partial q$, ideoque ejus integrale $\frac{p+q}{2}$.

§. 3. Nunc ambas istas partes seorsim sequenti modo tractemus. Pro formula scilicet priore

$$\partial p = \frac{\partial \Phi (\cos. \Phi + i \sin. \Phi)}{\sqrt[n]{\cos. n\Phi}} \text{ statuamus } \frac{\cos. \Phi + i \sin. \Phi}{\sqrt[n]{\cos. n\Phi}} = x,$$

ut sit $\partial p = x \partial \Phi$, ac sumtis potestatibus exponentis n habebimus

쉬어가기 그림 8-2 최초로 $i = \sqrt{-1}$ 를 사용한 Euler의 저술(1794)

Chapter 9

감쇠기의 특성 및 조파감쇠

9.1 감쇠기의 특성

앞 장에서 스프링-질량-감쇠기 계의 운동 응답을 구하였는데, 여기서는 그 해들을 활용하여 감쇠기의 특성에 대해 살펴보기로 한다.

먼저 자유 동요의 해를 다시 정리해 보면 식 (8-17), (8-18)로부터 다음과 같다.

$$x(t) = \frac{x_0}{\sqrt{1-\zeta^2}} e^{-\zeta\omega_n t} \cos\left(\sqrt{1-\zeta^2}\,\omega_n t - \epsilon_0\right) \tag{1}$$

$$\tan^{-1}\epsilon_0 = \frac{\zeta}{\sqrt{1-\zeta^2}} \tag{2}$$

식 (1)로 주어지는 자유 동요의 응답은 그 진폭이 시간이 지남에 따라 지수 함수적으로 감소하는데(그림 9-1 참조), 선박의 동요에 대한 감쇠계수를 구하거나 또는 고유진동수를 구하는 데는 자유 동요의 이와 같은 특성을 활용하고 있으므로 여기서는 먼저 대수 감쇠율(logarithmic decrement)에 대해 설명한다.

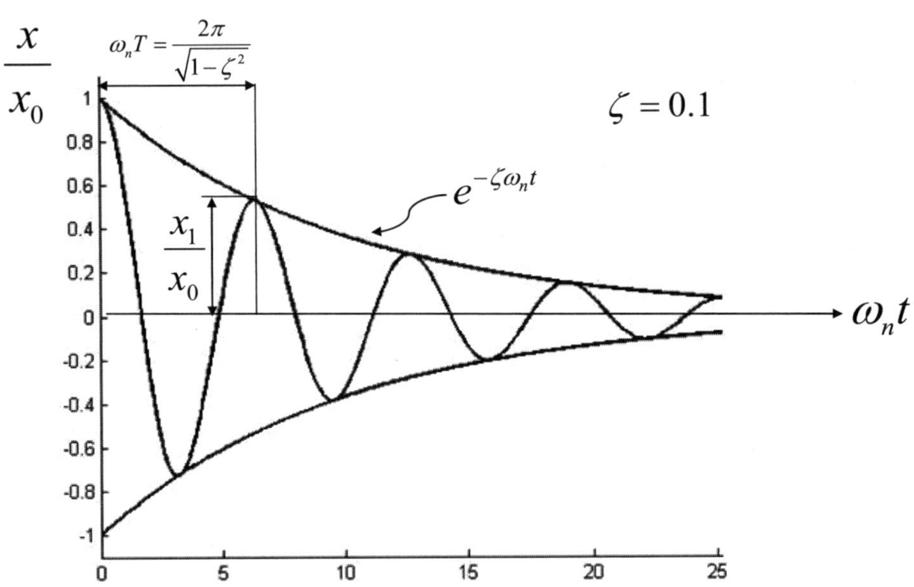

그림 9-1 SMD계의 자유 동요와 대수 감쇠율

식 (1)은 $\dot{x}(0) = 0$를 만족하는 해이므로 운동의 첫 번째 국부 최대값은 $t = 0$에서 발생하며, 두 번째 국부 최대값은 cos 함수의 위상이 2π 증가한 다음과 같이 주어지는 시간에서 발생한다.

$$t = \frac{2\pi}{\omega_d} = \frac{2\pi}{\sqrt{1-\zeta^2}\,\omega_n} \tag{3}$$

이 때 첫 번째와 두 번째 국부 최대값의 비 $\frac{x_0}{x_1} = e^{\frac{2\pi\zeta}{\sqrt{1-\zeta^2}}}$로 주어지며, 이에 대해 자연 대수 ln를 취하여 대수 감쇠율 Δ를 다음과 같이 얻는다.

$$\Delta = \ln e^{\frac{2\pi\zeta}{\sqrt{1-\zeta^2}}} = \frac{2\pi\zeta}{\sqrt{1-\zeta^2}} \approx 2\pi\zeta \tag{4}$$

여기서 마지막 근사식은 $\zeta \ll 1$에 대한 근사식이다.

Taylor 급수로부터 다음을 얻으므로,

$$(1-x)^{-1/2} = 1 + \frac{x}{2} - \frac{3x^2}{8} - \cdots \tag{5}$$

식 (4)의 근사식은 $\zeta = 0.1$인 경우, 0.5%의 오차를 가진다.

자유 동요의 계측 결과로부터 대수 감쇠율 Δ를 얻었다면, 식 (4)의 양변을 제곱하고 ζ에 대해 정리하여 다음을 얻으며

$$\zeta^2 = \frac{\Delta^2}{4\pi^2 + \Delta^2}, \tag{6}$$

이 식의 양변에 제곱근을 취하여 다음을 얻는다.

$$\zeta = \frac{\Delta}{2\pi} \frac{1}{\sqrt{1 + \left(\frac{\Delta}{2\pi}\right)^2}} \tag{7}$$

$\frac{\Delta}{2\pi} \ll 1$인 경우에는 위 식으로부터 다음과 같은 근사를 얻으며,

$$\zeta \simeq \frac{\Delta}{2\pi} \tag{8}$$

이 식은 식 (4)의 근사식과 일치하는 결과이다. 식 (8)에 따르면 결과적으로 $\frac{\Delta}{2\pi} \ll 1$는 $\zeta \ll 1$과 등가인 조건이므로, 위의 식 (8)은 $\zeta \ll 1$인 경우에 대해, 자유 동요로부터 얻은 대수 감쇠율 Δ를 사용하여 무차원 감쇠계수 ζ, 종국적으로는 감쇠계수 b를 구하는데 쓸 수 있다.

만약 일반적인 SMD계에 대해 감쇠계수를 모르는 경우에는 식 (6) 또는 (7)을 이용하여 무차원 감쇠계수를 구할 수 있다. 대수 감쇠율은 첫째와 둘째 국부 최대값의 비에 대해서만 성립하는 것이 아니라 사실은 어떠한 연속된 두 국부 최대값의 비에 대해서도 성립하므로, 실험에서 계측이 용이하며, 여러 값에 대한 평균을 취하여 정확도를 높일 수 있다는 장점이 있다.

자유 동요의 실험에서 연속한 두 국부 최대값 사이의 비를 계측하여 예를 들어 0.5를 얻었다면, 대수 감쇠율은 다음과 같고,

$$\Delta = \ln\frac{1}{0.5} = \ln 2 = 0.693 \tag{9}$$

따라서 식 (8)로부터 $\zeta \simeq \frac{\Delta}{2\pi} = \frac{0.693}{6.28} = 0.110$을 얻는다.

또한 연속한 두 국부 최대값 사이의 시간 간격도 계측하였다면, 이 간격은 $\frac{2\pi}{\omega_d}$에 상응할 것이므로, 위의 계산에서 얻은 ζ를 활용하여 고유진동수를 구할 수 있다. 예를 들어 시간 간격 $T = 5$초였다면, 식 (3)을 사용하여 다음을 얻는다.

$$\omega_n = \frac{2\pi}{\sqrt{1-\zeta^2}\,T} = 1.26\,rad/s \tag{10}$$

여기서 ζ의 값이 0.1 부근일 때에는 위의 계산에서 ζ의 영향을 무시하고 $\omega_n \simeq \frac{2\pi}{T}$로 간주하여도, 식 (5)에서 보인 바와 같이 근사에 기인하는 오차가 0.5% 정도이므로 큰 문제가 없을 것이다.

강제 동요와 관련하여서는 다음과 같은 사항을 고려하여 감쇠기의 역할을 더욱 분명히 이해할 수 있는데, 먼저 $t \to \infty$ 일 때의 정상해를 고려하기로 하고 앞 장에서 얻은 결과를 정리하면 식 (8-28), (8-29), (8-30)으로부터 다음과 같다.

$$x(t \to \infty) = \xi_0 \cos(\omega t - \epsilon) \tag{11}$$

$$\xi_0 = \frac{\delta}{\sqrt{(1-\Omega^2)^2 + (2\zeta\Omega)^2}} \tag{12}$$

$$\tan^{-1}\epsilon = \frac{2\zeta\Omega}{1-\Omega^2} \tag{13}$$

과도해의 크기가 무시할 수 있을 만큼 작아지고 정상해만 고려해도 좋을 경우에 대해 고려하면, 이 때 작용하는 외력이 하는 일은 무엇에 소요되고 운동이 항상 같은 진폭으로 이루어지는가 하는 질문을 할 수 있다. 아래에서 보일 바와 같이 이 일은 정확히 감쇠기에 의한 에너지 소산(dissipation)과 같은 크기이며, 따라서 정상해가 변하지 않는 진폭으로 운동을 계속할 수 있게 된다.

먼저 한 주기 동안 외력이 물체에 대해 한 일 W_E를 구하면 다음과 같다.

$$\begin{aligned} W_E &= \int_0^{\frac{2\pi}{\omega}} F_0 \cos\omega t\, \dot{x}\, dt = -\omega F_0 \xi_0 \int_0^{\frac{2\pi}{\omega}} \cos\omega t \sin(\omega t - \epsilon)\, dt \\ &= \omega F_0 \xi_0 \sin\epsilon \int_0^{\frac{2\pi}{\omega}} \cos^2\omega t\, dt = \pi F_0 \xi_0 \sin\epsilon \end{aligned} \tag{14}$$

한편, 감쇠기가 한 주기 동안 물체에 대해 한 일 W_D를 구하면 다음과 같다.

$$W_D = \int_0^{\frac{2\pi}{\omega}} b\dot{x}\dot{x}\, dt = b\omega^2 \xi_0^2 \int_0^{\frac{2\pi}{\omega}} \sin^2(\omega t - \epsilon)\, dt = \pi b \omega \xi_0^2 \tag{15}$$

식 (14)의 가장 우변에 대해 위의 식 (12), (13)을 대입하여 정리하면 다음을 얻으므로

$$\pi F_0 \xi_0 \sin\epsilon = \pi F_0 \xi_0 \frac{2\zeta\Omega}{\sqrt{(1-\Omega^2)^2 + (2\zeta\Omega)^2}}$$

$$= \pi F_0 \xi_0 \frac{\xi_0}{\delta}(2\zeta)\Omega = \pi k \xi_0^2 \frac{b}{m\omega_n}\frac{\omega}{\omega_n} = \pi b \omega \xi_0^2 \qquad (16)$$

결국 한 주기 동안 감쇠력이 한 일은 외력이 한 일과 정확하게 일치함을 확인할 수 있으며, 위에서 마지막 등식은 $\omega_n^2 = \dfrac{k}{m}$을 이용하여 얻었다.

감쇠기가 물체에 대해 일을 한다는 것은 물체의 입장에서는 감쇠기에 대해 일을 한 것으로 볼 수 있는데, 이 일은 사실상 감쇠기에 열을 발생시켜 온도를 높이는데 사용된다. 따라서 통상 물체가 외력에 의해 한 일은 감쇠기에 의해 열로 소실되므로, 에너지 소산이라고 부른다.

한편, 스프링의 복원력이나 관성력도 물체에 작용하므로 이들도 물체에 일을 할 수 있지 않겠느냐 하는 질문이 있을 수 있는데, 다음에는 이에 대해 생각해 보자. 스프링의 복원력이 한 주기 동안 물체에 대해 한 일 W_S를 구하면 다음과 같다.

$$W_S = \int_0^{\frac{2\pi}{\omega}} k x \dot{x}\, dt = -k\omega\xi_0^2 \int_0^{\frac{2\pi}{\omega}} \cos(\omega t - \epsilon)\sin(\omega t - \epsilon)\, dt = 0 \qquad (17)$$

여기서 적분의 값이 영이 되는 것은 식 (7-E1)에서 논의한 바 있는 조화 함수의 직교성에 기인한다. 관성력에 대해서도 동일한 계산을 수행할 수 있는데 관성력의 위상이 복원력의 위상과 180° 차이가 있으므로 위에서와 동일한 이유로, 즉 조화 함수의 직교성에 의해 관성력이 한 주기 동안 물체에 대해 한 일은 영이 될 것임을 알 수 있다. 따라서 위에서 기술한 바와 같이 외력이 한 일은 정확하게 감쇠기에 의해 소산되며, 정상 상태의 물체는 항상 일정한 진폭으로 운동하게 됨을 알 수 있다.

9.2 2차원 부유체의 조파에 의한 감쇠

2차원 주상체가 수면 상에 떠 있을 때, 2차원 부유체라고 부를 수 있는데, 이 물체가 상하동요, 또는 횡동요를 할 경우 물체 양쪽으로 파도가 생성되어 전파해 가는 것을 볼 수 있다. 자유 동요 또는 강제 동요를 불문하고 물체의 운동에 따라 파도가 생성되는 것을 볼 수 있는데, 파도가 만들어 진다는 것은 물체가 유체에 에너지를 주고 있다는 것을 뜻하며, 사실상 이와 같은 조파는 물체의 입장에서는 에너지를 계속해서 빼앗긴다는 면에서 SMD계의 감쇠기와 그 역할이 똑 같다.

한 주기 동안 양쪽으로 동일한 파도가 생성되어 전파해 나간다고 하면 파도의 에너지를 계산하여 이와 같은 조파 현상에 대해 감쇠계수를 구할 수 있다. 먼저 물체가 강제 동요를 하고 있고 정상 상태에 있다고 하면, 물체의 운동에 의해 생성되는 파도의 에너지는 다음과 같이 구할 수 있다. 무한 수심이라고 가정하면, 물체의 동요 진동수 ω는 파도의 진동수와 같을 것이므로 파도의 파장 λ는 분산관계식인 식 (3-19)로부터 다음과 같고,

$$\lambda = \frac{2\pi}{k} = \frac{2\pi g}{\omega^2} \tag{18}$$

파도의 진폭을 A라고 하면, 식 (5-5), (18)로부터 한 주기 동안 양쪽으로 전파해가는 파도의 에너지는 다음과 같다.

$$E = 2\overline{E}\,c_g T = 2\frac{1}{2}\rho g A^2 \frac{\lambda}{2} = \rho g A^2 \frac{\pi g}{\omega^2} = \frac{\pi \rho g^2 A^2}{\omega^2} \tag{19}$$

식 (19)로 구한 에너지와 식 (16)에서 구한 일을 등치하여 조파에 의한 감쇠계수 b를 다음과 같이 얻는다.

$$b = \frac{\pi \rho g^2 A^2}{\pi \omega^3 \xi_0^2} = \frac{\rho g^2}{\omega^3}\left(\frac{A}{\xi_0}\right)^2 = \frac{\rho g^2 \overline{A}^2}{\omega^3} \tag{20}$$

이 식 우변에 포함되어 있는 $\overline{A} = \dfrac{A}{\xi_0}$는 파도의 진폭과 물체 운동 진폭의 비로, 물체의 기하학적 형상이 주어진 경우에는 진동수의 함수이며(그림 9-2 참조), 따라서 식 (20)으로부터 알 수 있는 것은 조파감쇠는 명백히 진동수의 함수라는 사실이다.

그림 9-2에서 종축의 $\kappa = ka = \dfrac{a\omega^2}{g}$, a는 원주의 반경이다. [참고문헌 5]에 따르면 $\kappa \ll 1$일 때와 $\kappa \gg 1$일 때의 점근식이 다음과 같으므로,

$$\overline{A} \sim \begin{cases} 2\kappa, \kappa \ll 1 \\ \dfrac{4}{\kappa,} \kappa \gg 1 \end{cases} \tag{21}$$

위 식을 식 (20)에 대입하여 다음을 얻는다.

$$b \sim \begin{cases} 4\rho a^2 \omega, \ \ \omega \to 0 \\ \dfrac{16\rho g^4}{a^2 \omega^7}, \omega \to \infty \end{cases} \tag{22}$$

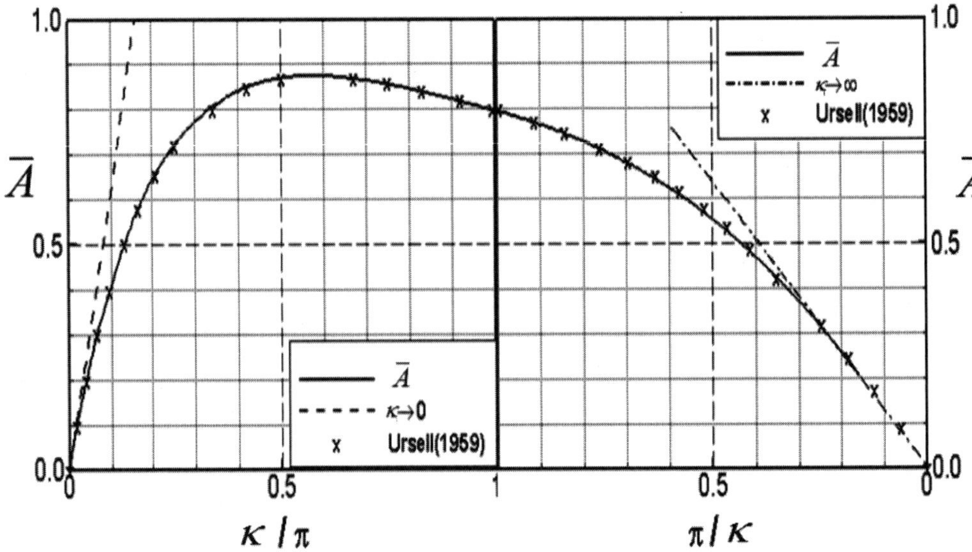

그림 9-2 상하동요하는 2차원 원주의 $\overline{A}$ [참고문헌 5]

따라서 감쇠계수 b는 $\omega \to 0$, 또는 $\omega \to \infty$일 때, 영의 값을 가짐을 알 수 있다. 또 $\overline{A}$는 $\kappa = 1.8$에서 국부 최대값인 0.874의 값을 가지며, 항상 1보다 작은 값을 가짐에 유의한다.

이와 같이 부유체 운동에 대한 조파감쇠계수는 진동수의 함수로 주어진다는 특성은 일반적인 SMD계에 있어서 감쇠기의 감쇠계수가 상수로 주어지는 것과는 매우 다른 점이며, 부유체의 운동을 다룰 때, 이 차이점을 항상 잊지 말아야 한다.

반경 a인 원주의 하반부가 물에 가라앉아 있던 상태에서 상하동요하는 경우, 원주의 질량은 $\rho\pi a^2/2$, 스프링 상수는 $2\rho g a$이므로 부가질량을 고려하지 않은 고유진동수, 즉 원고유진동수(pre-natural frequency) ω_0는 다음과 같다.

$$\omega_0 = \sqrt{\frac{k}{m}} = \sqrt{\frac{4\rho g a}{\rho\pi a^2}} = \sqrt{\frac{4}{\pi}\frac{g}{a}} = 1.128\sqrt{\frac{g}{a}} = 1.128\omega_c \quad (23)$$

위에서 본 $\overline{A}$의 국부 최대값에 상응하는 진동수 ω_A는 다음과 같으므로,

$$\omega_A = \sqrt{\kappa\frac{g}{a}} = 1.342\sqrt{\frac{g}{a}} = 1.342\omega_c \quad (24)$$

이에 상응하는 b와 ζ를 다음과 같이 얻는다.

$$b = \frac{\rho g^2 \overline{A}^2}{\omega^3} = \frac{\rho g^2 (0.874)^2}{(1.342\omega_c)^3} = 0.316\frac{\rho g^2}{\omega_c^3} \quad (25)$$

$$\zeta = \frac{b}{2m\omega_0} = \frac{0.316\rho g^2}{\rho\pi a^2 (1.128\omega_c)\omega_c^3} = \frac{0.316}{\pi(1.128)} = 0.089 \quad (26)$$

따라서 상하동요하는 2차원 원주의 경우, 조파에 의한 무차원 감쇠계수 ζ의 값은 실제로 1보다 매우 작다는 점을 확인할 수 있다.

한편 감쇠계수는 공진이 발생하는 진동수, 즉 공진점 부근에서 운동 응답의 주요 특성을 결정하는 것을 식 (8-37), (8-38)에서 보았는데, 수중, 또는 수상에서 운동하는 물체의 경우에는 고유진동수가 식 (7-19)에서 보았듯이 부가질량을 고려하여 결정되어야 하며, 특히 부유체의 경우에는 위에서 보인 조파감쇠계수 뿐만 아니라 부가질량도 진동수의 함수로 주어지므로, MCFR이 SMD계에 대한 것과는 매우 다른 특성을 가짐에 유의하며, 이에 대해서는 12장, 13장에서 보다 자세히 다루기로 한다.

조파감쇠는 물체의 운동에 따라 파도가 생성되며 이 파도가 에너지를 가지고 물체로부터 먼 곳으로 전파해 가는 것에 기인하며, 따라서 이와 같은 현상을 에너지 방사(radiation)에 의한 감쇠, 또는 방사감쇠(radiation damping)라고도 부른다.

9.3 등가 선형 감쇠(Equivalent linear damping)

감쇠는 매우 다양한 기제(mechanism)에 의해 운동하는 물체에 작용하며, 속도에 비례하는 소위 선형 감쇠는 조파감쇠에 대해서는 매우 좋은 근사이지만, 점성 유체 내에서 운동하는 물체에 작용하는 저항에 기인하는 감쇠에 대해서는 그렇게 좋은 근사라고 보기 힘들다.

유체역학에서 배운 바와 같이, 점성에 기인하는 항력은 크게 마찰항력과 박리에 기인하는 압력항력으로 구분된다. 두 경우 모두 제한된 Rn 범위에서는 항력계수를 일정한 값, 즉 상수로 근사할 수 있으므로, 항력 자체는 물체와 유체의 상대 속력의 제곱에 비례하는 것으로 볼 수 있다.

이때 한 가지 문제점은 감쇠력이 속력에 비례하는 경우는 속력의 부호에 따라 감쇠력도 부호가 바뀌지만, 속력의 제곱에 비례하는 경우는 그렇지 않으므로, 이와 같은 점을 고려하기 위해, 통상 유체의 점성에 기인하는 감쇠력 F_d는 다음과 같은 형태로 근사한다.

$$F_d = -C|\dot{x}|\dot{x} \tag{27}$$

여기서 C는 ML^{-1}의 차원을 가지는 비례상수이다.

이와 같은 항력, 즉 비선형 감쇠력을 받는 경우에는 운동 방정식이 비선형 미분 방정식이 되므로, 그 방정식의 해를 구하는 것은 쉬운 일이 아니다. 따라서 이와 같은 비선형 감쇠를 고려하기 위하여 다음과 같은 근사적인 방법을 사용한다.

즉 물체는 조화 동요(harmonic oscillation)를 한다고 가정하고, 비선형 감쇠력이 한 주기 동안 물체에 대해 한 일이 식 (15)로 주어지는 선형 감쇠력이 한 일과 같아지도록 소위 등가 감쇠계수를 정의한다. 따라서 먼저 식 (27)로 주어지는 항력이 한 주기 동안 물체에 대해 한 일을 구하면 다음과 같고(연습문제 9-4 참조),

$$W_d = C\int_0^{\frac{2\pi}{\omega}} |\dot{x}|\,\dot{x}\,\dot{x}\,dt = 2C\omega^3\xi_0^3\int_0^{\frac{\pi}{\omega}} \sin^3\omega t\,dt = \frac{8}{3}\,C\omega^2\xi_0^3 \tag{28}$$

이 일을 선형 감쇠력이 한 일 $W_D = \pi b_{eq}\omega\xi_0^2$과 같아지도록 선형 등가 감쇠계수 b_{eq}를 정의하면 다음을 얻는다.

$$b_{eq} = \frac{8}{3\pi}\,C\omega\,\xi_0 \tag{29}$$

여기서 등가 감쇠계수는 동요의 진동수 ω와 진폭 ξ_0의 함수임에 유의한다.

위에서 얻은 등가 감쇠계수를 무차원화하면 다음을 얻으며,

$$\zeta_{eq} = \frac{1}{2\omega_n}\frac{b_{eq}}{m} = \frac{4}{3\pi}\frac{C\xi_0}{m}\Omega = \alpha\,\xi_0\,\Omega,\ \ \alpha = \frac{4}{3\pi}\frac{C}{m} \tag{30}$$

여기서 α의 차원은 L^{-1}임에 유의한다. 이 결과를 식 (8-33)에 대입하면 다음을 얻는다.

$$\frac{\xi_0}{\delta} = \frac{1}{\sqrt{(1-\Omega^2)^2 + (2\zeta_{eq}\Omega)^2}} = \frac{1}{\sqrt{(1-\Omega^2)^2 + (2\alpha\,\xi_0\,\Omega^2)^2}} \tag{31}$$

이 식을 정리하여 ξ_0에 대한 식을 얻기 위해 양변을 제곱하고, 다음과 같이 변수들을 정의하면,

$$(1-\Omega^2)^2 = 2B, \quad (2\alpha\Omega^2)^2 = A \tag{32}$$

결국 ξ_0^2에 대한 2차 방정식인 다음을 얻으며,

$$A\xi_0^4 + 2B\xi_0^2 - \delta^2 = 0 \tag{33}$$

따라서 다음을 얻는다.

$$\xi_0^2 = \frac{-B+\sqrt{B^2+A\delta^2}}{A} = \frac{-(1-\Omega^2)^2 + \sqrt{(1-\Omega^2)^4 + (4\alpha\delta\Omega^2)^2}}{2(2\alpha\Omega^2)^2} \tag{34}$$

위 식 또는 식 (30)으로부터, $\Omega = 1$에서 ξ_0의 값을 구하면, 다음과 같다.

$$\xi_0 = \sqrt{\frac{\delta}{2\alpha}} = \sqrt{\frac{3\pi}{8}\frac{F_0}{C\omega_n^2}} = \sqrt{\frac{3\pi}{8}}\sqrt{\frac{F_0}{C}}\frac{1}{\omega_n} \tag{35}$$

이 식에 따르면 유체의 점성에 의해 속력의 제곱에 비례하는 항력을 받는 경우, 공진시의 진폭은 고유진동수에 반비례하며, 외력의 진폭의 제곱근에 비례하고, 또 항력의 비례상수 C의 제곱근에 반비례한다. 또한 동요의 진폭은 $\Omega = 1$에서 C가 작을 경우 매우 커질 수 있음을 알 수 있다. 선형 감쇠의 경우, 식 (8-E2)에서 본 바와 같이 동요의 진폭은 외력의 진폭에 비례하며 고유진동수에 반비례하고, 또 b에 반비례함에 유의한다.

선박의 횡동요(roll)는 조파감쇠보다는 유체의 점성에 기인하는 항력에 의한 감쇠에 의해 보다 지배적인 영향을 받으므로, 점성항력의 증가, 즉 C의 증가를 위해 만곡부 용골(bilge keel)을 거의 필수적으로 설치하며, 필요에 따라 안정핀(stabilizing fin)도 장착하고 있다.

연습문제

9-1. 식 (4)와 식 (8)에서 $\sqrt{1-\zeta^2} \simeq 1$로 근사할 때 발생하는 오차가 얼마나 되는지 Taylor 급수를 사용하여 구하고, $\zeta \simeq 0.1$일 때 그 오차가 0.5% 정도인 것을 보이시오.

9-2. 강제 동요하는 SMD계가 정상 상태에 있을 때, 관성력이 한 주기 동안 물체에 대해 행한 일은 영임을 보이시오.

9-3. 어떤 SMD계의 감쇠계수가 진동수의 함수일 경우, 자유 동요 또는 강제 동요의 응답과 관련하여 감쇠계수가 상수일 때와 달라지는 점을 2 가지 이상 지적해 보시오.

9-4. 다음 적분을 증명하시오.

$$\int_0^{\pi} \sin^3 t \, dt = \frac{4}{3}$$

힌트: $\sin t = \dfrac{e^{it} - e^{-it}}{2i}$임을 이용하시오.

9-5 식 (30)을 대수 감쇠율에 대한 결과인 식 (4)에 대입하여 대수 감쇠율이 진폭의 함수로 얻어짐을 보이고, 자유 동요에 대한 계측치로부터 유체의 점성항력에 의한 감쇠계수를 얻어내는 방법에 대해 논하시오. 단 조파감쇠는 무시하기로 한다.

Chapter 10

위상 평면 해석과 안정성 개념

10.1 위상 평면 해석

대부분의 공학수학 교과서들이 위상 평면(phase plane)에 대해 다루고 있지만, 대다수의 학생들이 위상 평면 해석과 물체의 운동을 에너지적인 관점에서 보는 방법에 대하여 충분히 이해하고 있지 못한 것으로 보인다. 실제로 위상 평면 해석은 운동하는 물체 또는 계의 안정성과 관련하여 매우 주요한 개념적 요소를 제공하고 있으므로 이 장에서 간략하게나마 살펴보기로 하며, 보다 자세한 사항은 [참고문헌 6]을 참조하기 바란다.

위상 평면은 종축이 변위, 횡축이 속도인 좌표 평면이다(그림 10-1). 이 좌표 평면에 물체의 상태, 즉 변위와 속도를 나타내어 운동을 표현하면 결국 물체의 운동은 이 평면에서의 어떤 곡선에 상응한다. 이와 같은 곡선을 궤적(trajectory)이라고 하는데, 만약 어떤 물체의 운동에 대한 궤적이 폐곡선을 이룬다면, 이는 운동이 주기적으로 반복되고 있다는 것을 의미한다. 이것만으로도 위상 평면의 개념이 유용할 것을 알 수 있지만, 위상 평면의 개념이 더욱 유용한 것은, 알려진 함수로 나타내기는 힘들지만 주기운동을 하는 물체의 운동을 나타내기 원하는 상황을 고려하면 그 유용성을 쉽게 이해할 수 있다.

물체의 1-자유도계 운동은 통상 Newton의 운동 법칙에 따라 다음과 같은 형태의 2계 미분 방정식으로 주어진다.

$$m\ddot{x} = -F(x, \dot{x}, t) \tag{1}$$

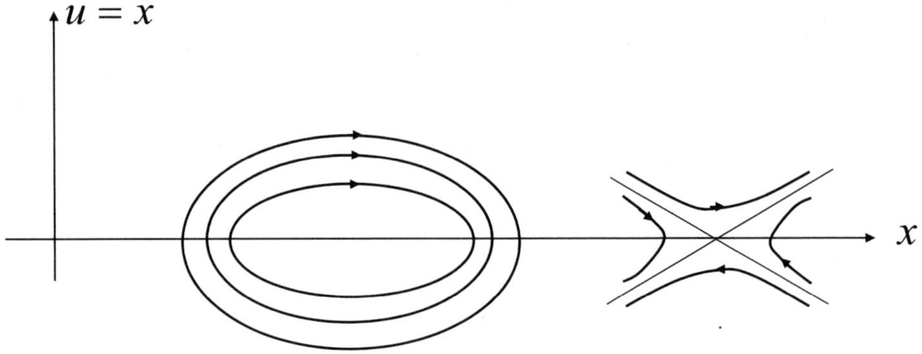

그림 10-1 위상 평면

한편 많은 경우 이 식의 우변인 물체에 작용하는 힘이 시간 t와 속도 $\dot{x}$를 포함하지 않는다. 예를 들어 8장 SMD계에 대한 운동 방정식에서 감쇠계수가 영인 문제, 즉 SM계를 생각하면 우변은 변위 x만의 함수가 된다. 또 연습문제 10-1에서 보인 바와 같이 감쇠가 있는 경우에도 변위를 나타내는 함수를 치환함으로써 우변이 속도를 포함하지 않도록 할 수 있다. 따라서 이와 같은 문제들에 대해서는 운동 방정식이 다음과 같은 형태를 가진다.

$$m\ddot{x} = -F(x) \tag{2}$$

이 식은 위에서 설명한 바와 같은 이유로 물체에 작용하는 힘이 물체의 변위에 따라서만 변화하는 경우에 대한 운동 방정식으로 간주해도 크게 틀리지 않는다. 이제 이 식의 양변에 속도 $\dot{x}$를 곱하면 다음과 같이 쓸 수 있는데,

$$m\dot{x}\ddot{x} = -F(x)\dot{x} \tag{3}$$

식 (3)은 다시 다음과 같이 바꾸어 쓸 수 있다.

$$\frac{d}{dt}\left(\frac{1}{2}m\dot{x}^2\right) = -\frac{dP(x)}{dx}\dot{x} = -\frac{dP(x)}{dt} \tag{4}$$

여기서 $P(x)$는 $F(x)$와 다음과 같은 관계를 만족하는 함수이다.

$$\frac{dP(x)}{dx} = F(x),\ \text{또는}\ P(x) = \int F(x)dx \tag{5}$$

다시 말하면 $P(x)$는 음의 부호를 제외하면 힘을 변위에 대해 적분하여 얻어지는 양이므로 차원상으로는 일 또는 에너지에 해당하는 양임을 알 수 있다. 식 (4)를 정리하고 시간 t에 대해 적분하여 다음 결과를 얻는다.

$$\frac{1}{2}m\dot{x}^2 + P(x) = E_0 \tag{6}$$

여기서 E_0는 적분 상수이다. 이 식에서는 더욱 확실하게 각 항들의 물리적 의미가 나타나 있는데, 좌변 첫 번째 항은 바로 물체의 운동에너지이고 두 번째 항은 위치에너지이며, 우변의 상수는 전체 에너지의 크기를 나타내는 양으로 물체의 운동에 따라 변화함이 없는 운동의 불변량(invariant)이다.

이하에서는 논의의 편의성을 위해 식 (6)의 $\dot{x} = u(t)$로 나타내고, 양변을 질량 m으로 나누어 얻어지는 다음 식을 다루기로 한다.

$$\frac{1}{2}u^2 + f(x) = h \tag{7}$$

여기서 $f = \dfrac{P}{m}$, $h = \dfrac{E_0}{m}$, 즉 각각 단위 질량 당 위치에너지, 총에너지이다.

식 (7)은 우변의 상수 h가 알려져 있는 경우 위상 평면의 한 곡선, 물체의 운동 궤적에 상응함을 알 수 있다. 물론 식 (7) 또는 (6)은 운동 방정식을 시간에 대해 한 번 적분하여 얻었으므로, 즉 1차 적분(first integral)이므로, 일종의 해로 간주할 수 있다. 운동 변위를 시간의 함수, 즉 $x(t)$의 형태로 구하는 지금까지 우리가 익숙한 형태의 해를 구하고자 할 경우에는 식 (2)로 주어지는 2계 미분 방정식을 풀어야 한다. 그러나 만약 위상 평면에서의 운동 궤적을 구하는 것으로 해를 얻은 것으로 간주할 수 있다면, 위상 평면의 개념은 운동 방정식을 다만 한 번 적분함으로써 해를 구할 수 있게 해주는 방법을 제공하며, 다시 말하면 위상 평면의 개념을 사용함으로써 해법의 과정이 종전보다 훨씬 용이해 지는 것을 알 수 있다.

위상 평면에서 해를 구했다면 이 곡선은 식 (6)에서 알 수 있는 바와 같이 에너지 보존 법칙을 기술하고 있으며, 따라서 위상 평면은 기본적으로 에너지의 관점에서 문제에 접근하는 것을 도와주는 수단이라고 할 수 있다.

예를 들어 SM계에 대해 식 (7)을 얻으면 연습문제 10-2에서 얻는 바와 같이 다음을 얻으며,

$$\frac{1}{2}u^2 + \frac{1}{2}\omega_n^2 x^2 = h \tag{8}$$

이 식은 $h > 0$인 경우, 위상 평면에서 타원에 상응하므로 폐곡선을 나타낸다. 즉 SM계의 조화 운동으로 주어지는 주기해(periodic solution)는 위상 평면의 타원에 상응함을 알 수 있다. 상수 h는 물론 초기 조건을 사용하여 결정하며, 따라서 식 (8)로부터 초기 조건이 물체의 운동에 어떠한 방식으로 영향을 미치는가를 훨씬 간명하게 이해할 수 있다.

10.2 위치에너지와 위상 평면

이 절에서는 식 (7)의 위치에너지에 해당하는 함수 $f(x)$의 세 가지 국부적인 성격에 대해 생각해 봄으로써 일반적인 운동의 성격에 대해 알아본다. 함수 $f(x)$의 전반적인(global) 형태에 대해서 고려하는 것은 훨씬 어려운 문제이지만 $f(x)$의 국부적인 변화(local change)만 고려하는 경우에는 매우 간단한 분류가 가능하다.

먼저 첫 번째로 $f(x)$가 단조적으로(monotonically) 증가하는 경우에 대해 생각해 보자. 그림 10-2에 보인 바와 같이 $x = 0$ 부근에서 $f(x)$가 단조 증가하며 상수 h가 양의 값을 취할 때, 위상 평면 상에서의 궤적은 식 (7)로부터 다음과 같이 주어진다.

$$u = \pm\sqrt{2\{h - f(x)\}} \tag{9}$$

이 식에 따르면 함수 $f(x)$의 값이 h보다 작은 경우에는 궤적이 존재하지만 그렇지 않은 경우에는 궤적이 존재할 수 없다.

명백히 궤적은 x축에 대해 상하 대칭이며, $h = f(x_0)$이면, $x < x_0$인 구간에 대해서만 궤적이 존재함을 알 수 있다. x가 x_0에서 음의 방향으로 멀어지면 멀어질수록 $h - f(x)$의 값은 단조적으로 증가하므로 궤적은 그림에 보인 바와 같은 형상을 가져야만 한다.

위상 평면에 나타낸 궤적 상에서 $u > 0$, 즉 상반 평면에서는 속도가 양이므로 시간에 따라 변위가 증가할 것이며, 따라서 시간이 지나감에 따라 항상 양의 x방향, 즉 오른쪽으로 운동이 진행된다. 한편, $u < 0$, 즉 하반 평면에서는 그 반대일 것이므로 시간이 지남에 따라 항상 음의 x방향, 즉 왼쪽으로 운동이 진행된다. 따라서 그림에 보인 바와 같이 화살표로 운동의 진행 방향을 보인 궤적을 구할 수 있다.

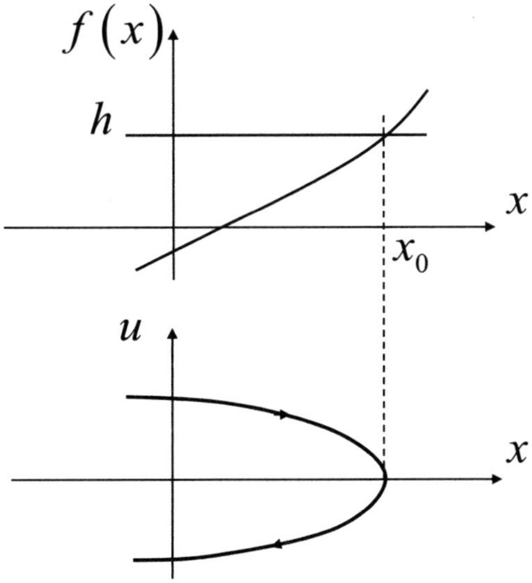

그림 10-2 함수 $f(x)$가 단조적으로 증가하는 경우

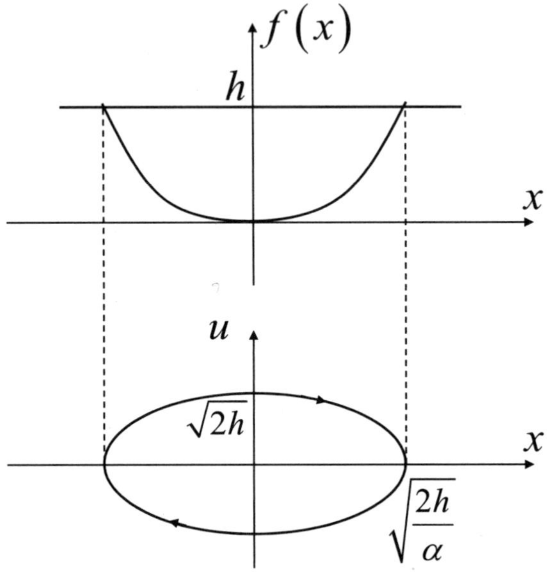

그림 10-3 함수 $f(x)$가 국부 최소값을 가지는 경우

이 궤적에 따르면 물체의 운동은 $x = x_0$까지 증가하다가 $x = x_0$에 도달하면 다시 단조적으로 감소하는 운동을 하게 되고, 따라서 비주기 운동을 할 것이며, 시간이 많이 지난 뒤에는 결국 운동의 크기는 대단히 커질 것임을 알 수 있다.

두 번째로 $f(x)$가 국부 최소값을 가지는 경우에 대해 생각해 보자. 그림 10-3에 보인 바와 같이 $x = x_0$에서 $f(x)$가 국부 최소값을 가지는 경우에는 상수 h의 크기에 따라 두 가지 가능성이 있다.

먼저 $f(x)$의 국부 최소값 $f(x_0) = h_0$라고 할 때, $h > h_0$인 경우에 대해 생각해 보자. 위상 평면 상에서의 궤적은 여전히 식 (7)로 주어지는데, 논의를 보다 간편하게 진행하기 위해 일반성을 잃지 않은 채, $x_0 = 0$, $h_0 = 0$를 가정하면 $f(x)$를 다음과 같이 쓸 수 있다.

$$f(x) = \frac{\alpha}{2}x^2 \tag{10}$$

여기서 $\alpha = \dfrac{d^2 f(0)}{dx^2} > 0$ 인 상수이다. 식 (10)을 식 (7)에 대입하면 다음을 얻으며,

$$u^2 + \alpha x^2 = 2h \tag{11}$$

이 식에 따르면 궤적은 x-반경이 $\sqrt{\dfrac{2h}{\alpha}}$ 이며, u-반경이 $\sqrt{2h}$ 인 타원이다.

따라서 물체의 운동은 주기 운동이며, 식 (11)과 식 (8)을 비교하면 $\alpha = \omega_n^2$ 에 해당하는 조화 운동임을 알 수 있다. 여기서 우리는 조화 운동이 SM계나 또는 단진자 등의 개별적인 문제뿐만 아니라 대단히 일반적인 운동 문제의 해로서 얻어질 수 있다는 점을 알 수 있다. 궤적 상에서의 물체의 운동 방향은 앞에서와 같이 $u > 0$ 이면 시간에 따라 변위가 증가할 것이며, $u < 0$ 이면 그 반대일 것이다. 이런 경우, x축 상의 점 $x = x_0$ 는 중심(center)이라고 부르며, 운동의 주기성에 의해 운동의 크기가 첫 번째 경우처럼 무한히 커지는 상황은 발생하지 않을 것이다. 한편 $h < h_0$ 인 경우는 첫 번째 경우와 같이 제곱근 안의 양이 영보다 작아지는 경우에 해당하여 궤적이 존재할 수 없는 경우에 상응하므로, 이 경우는 운동이 일어날 수 없는 경우에 해당한다.

세 번째로 $f(x)$ 가 국부 최대값을 가지는 경우에 대해 생각해 보자. 그림 10-4에 보인 바와 같이 $x = x_0$ 에서 $f(x)$ 가 국부 최대값을 가지는 경우에도 앞의 경우와 같이 상수 h 의 크기에 따라 두 가지 가능성이 있다.

먼저 $f(x)$ 의 국부 최대값 $f(x_0) = h_0$ 라고 할 때, $h > h_0$ 인 경우에 대해 생각해 보자. 위상 평면 상에서의 궤적은 여전히 식 (7)로 주어지는데, 논의를 보다 간편하게 진행하기 위해 일반성을 잃지 않은 채, $x_0 = 0$, $h_0 = 0$ 를 가정하면 $f(x)$ 를 다음과 같이 쓸 수 있다.

$$f(x) = -\frac{\alpha}{2} x^2 \tag{12}$$

여기서 $\alpha = -\dfrac{d^2 f(0)}{dx^2} > 0$ 인 상수이다.

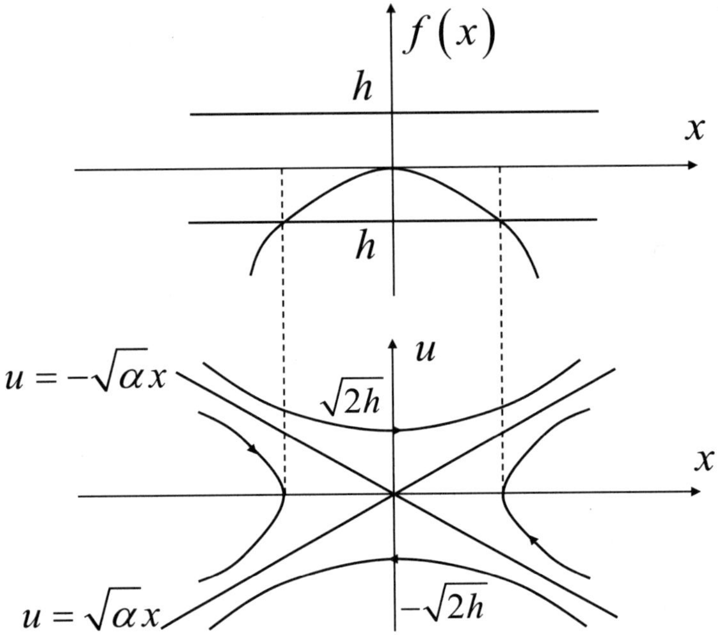

그림 10-4 함수 $f(x)$가 국부 최대값을 가지는 경우

식 (12)를 식 (9)에 대입하면 다음을 얻으며,

$$u = \pm\sqrt{2h + \alpha x^2} \tag{13}$$

여기서 $h > h_0 = 0$, $\alpha > 0$이므로 이 식은 x의 모든 값에 대해 궤적이 존재하며, u의 크기의 최소값은 $\sqrt{2h}$이다. 궤적은 x축, u축에 대해 대칭이며, 시간이 지남에 따라 운동의 크기는 무한히 증가하는 비주기 운동이다.

한편 $h < h_0$인 경우는 식 (12)를 식 (7)에 대입하면 다음을 얻으며,

$$u^2 - \alpha x^2 = 2h \tag{14}$$

이 식에 따르면 궤적은 $u = \pm\sqrt{\alpha}\,x$을 점근선으로 가지는 쌍곡선이다. 따라서 궤적의 형상 자체는 첫 번째 단조함수의 경우와 흡사하지만 $h < h_0 = 0$인 쌍곡선이므로 u축에 대해 대칭인 한 쌍의 곡선이다. 또한 $u^2 - 2h = \alpha x^2$이므로 $|x|$은 $\sqrt{\dfrac{|2h|}{\alpha}}$ 보다 큰 값을 가진다.

한편 식 (7)은 원래의 운동 방정식을 시간 t에 대해 한 번 적분하여 얻었으므로, 식 (14)를 시간 t에 대해 한 번 미분하면 원래의 운동 방정식을 얻는다. 식 (14)를 시간 t에 대해 한 번 미분하고 $2u = 2\dot{x}$로 나누어 주면 다음 결과를 얻는데,

$$\ddot{x} - \alpha x = 0 \tag{15}$$

이 식의 해는 $e^{\sqrt{\alpha}t}$, $e^{-\sqrt{\alpha}t}$의 선형 조합(linear combination)에 의해 주어지므로, 일반적으로는 $e^{\sqrt{\alpha}t}$의 인자를 가지게 되어 운동의 크기가 무한히 커질 것이라는 점을 알 수 있다.

따라서 이 경우에는 h의 크기에 상관없이 해는 항상 시간이 지남에 따라 무한히 증가한다. 이런 경우 x축 상의 점 $x = x_0$는 안장점(saddle point)이라고 부르며, 이와 같은 점 주위의 운동은 항상 시간이 지남에 따라 무한히 커지는 특성을 지닌다고 할 수 있다.

10.3 안정성의 개념

앞 절에서 고려한 함수 $f(x)$는 식 (7)에서 살펴본 바와 같이 위치에너지를 질량으로 나누어 준 값이므로, 단위 질량 당 위치에너지이며, 따라서 이 절에서는 위치에너지의 형상에 대한 정보로부터 물체 운동의 양상에 대해 고찰해 보기로 한다.

먼저 속도와 가속도가 모두 영인 점을 평형점(equilibrium point), 또는 특이점(singular point)이라고 정의하면, 이 점은 위상 평면에서는 $u = \dot{x} = 0$, $\ddot{x} = 0$를 만족하는 점이다. 위상 평면에서 궤적의 기울기는 다음과 같이 주어지므로,

$$\frac{du}{dx} = \frac{\dfrac{du}{dt}}{\dfrac{dx}{dt}} = \frac{\ddot{x}}{\dot{x}} \tag{16}$$

평형점에서의 기울기는 부정형임을 알 수 있다.

평형점에서는 $u=0$이므로 x축 상의 점이며, 또 가속도가 영이므로 물체에 작용하는 힘도 영인 점이다. 앞 절에서 고려했던 세 가지 경우를 종합하면, 평형점에서 위치에너지의 값이 국부 최소값을 가지면 운동은 안정하다(stable)고 할 수 있을 것이다. 조금 더 강력한 기술은 다음과 같다. 즉 평형점에서의 위치에너지가 국부 최소값을 가지지 않는다면 운동은 불안정하다(unstable).

위의 첫 번째 기술은 통상 Lagrange의 정리, 두 번째 기술은 Lyapunov의 정리로 알려진 안정성에 대한 기술들인데, 여기서 안정성(stability)이라 함은 경우에 따라서 보다 엄밀히 정의해야 할 필요가 있기는 하지만, 일반적으로는 어떤 시점에 위상 평면에서 '가까이' 있었던 두 궤적이 시간이 지남에 따라 무한히 멀어지지 않는 것을 뜻한다.

10.4 Duffing 방정식

선박의 횡경사에 대한 안정성과 관련하여 중요한 방정식으로 다음과 같은 형태의 Duffing 방정식을 들 수 있다.

$$\ddot{x} + x + ax^3 = 0 \tag{17}$$

여기서 상수 a는 주어지지만 그 부호는 양, 음 모두 가능하다고 가정한다.

이 방정식을 다음과 같이 바꾸어 쓰면,

$$\ddot{x} = -x - ax^3 = -F(x), \tag{18}$$

식 (5)로부터 다음을 얻는다.

$$f(x) = \frac{x^2}{2} + \frac{ax^4}{4} \tag{19}$$

따라서 다음과 같은 위상 평면 상의 해를 얻을 수 있으며,

$$u = \pm\sqrt{h - \frac{x^2}{2}\left(1 + \frac{ax^2}{2}\right)} \tag{20}$$

a의 부호에 따라 상황이 달라진다.

먼저 $a > 0$인 경우를 고려하면, $x = 0$인 원점에서 $f(x)$는 국부 최소값을 가지므로, 원점은 중심이 되며, 결국 그림 10-5에 보인 바와 같은 해를 가질 것임을 알 수 있다.

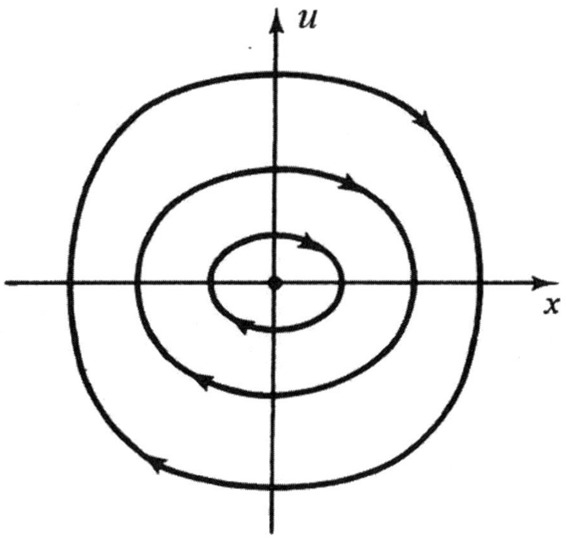

그림 10-5 Duffing 방정식의 해, 센 스프링(hard spring)

$a>0$인 경우에는 선형적인 스프링보다 큰 복원력을 제공하므로 이 경우는 센 스프링(hard spring)이라고 불린다. 초기 조건에 상관없이 센 스프링의 경우에는 항상 주기해(periodic solution)가 얻어짐을 알 수 있다.

한편, $a<0$인 경우에는 $a=-\frac{1}{\alpha^2}$, $\alpha>0$으로 놓으면, 식 (19)를 다음과 같이 쓸 수 있으며,

$$f(x)=\frac{x^2}{2}-\frac{x^4}{4\alpha^2} \tag{21}$$

이를 두 번 미분하여 다음을 얻는다.

$$\frac{df}{dx}=x-\frac{x^3}{\alpha^2}=\frac{x}{\alpha^2}(\alpha^2-x^2),\ \frac{d^2f}{dx^2}=1-\frac{3x^2}{\alpha^2}, \tag{22}$$

$\frac{df}{dx}=0$으로부터 $x=0$, $x=\pm\alpha$의 세 점에서 최대값 또는 최소값을 가짐을 알 수 있는데, $x=0$에서는 $\frac{d^2f}{dx^2}=1>0$이므로 국부 최소값, 그리고 $x=\pm\alpha$에서는 $\frac{d^2f}{dx^2}=-2<0$이므로 국부 최대값을 가짐을 알 수 있다.

따라서 원점은 중심, $x=\pm\alpha$는 안장점이 되므로, 해는 그림 10-6에 보인 것과 같은 형태를 가져야 한다. $a<0$인 경우에는 선형적인 스프링보다 작은 복원력을 제공하므로 이 경우는 약한 스프링(soft spring)이라고 불린다.

그림 10-6에서 곡선 $ABCDA$ 내부의 해는 주기해에 상응하고, 그 외부의 해는 비주기적이며 $t\to\infty$일 때, $|x|$가 무한히 커지는 해에 상응한다. 성질이 서로 다른 해가 이 곡선에 의해 분리되고 있으므로 이 곡선은 분리선(separatrix)이라고 불린다. 따라서 분리선 내부의 점이 초기 조건으로 주어지면 주기해, 외부의 조건이 초기 조건으로 주어지면 무계인(unbounded) 해가 얻어짐을 알 수 있다.

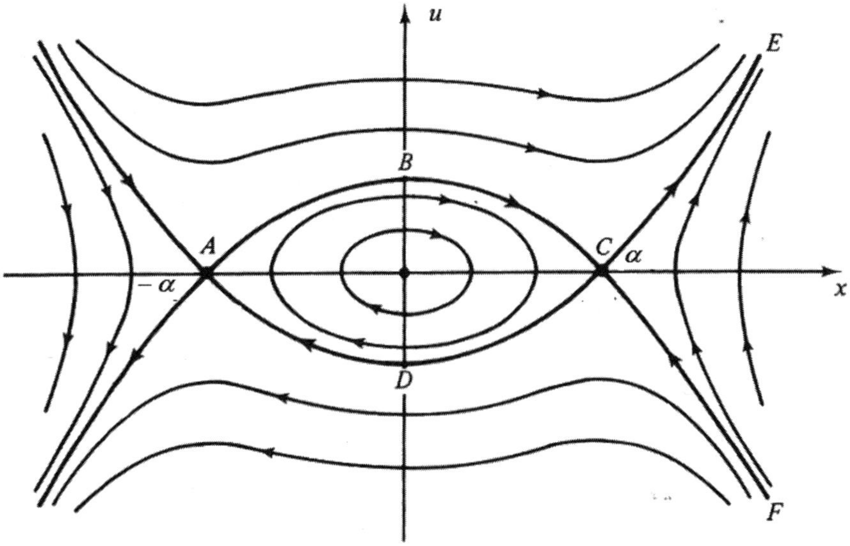

그림 10-6 Duffing 방정식의 해, 약한 스프링(soft spring)

선형 미분 방정식인 경우에는 초기 조건의 위치에 따라 운동의 양상이 본질적으로 달라지지는 않지만, 위에서 본 바와 같이 비선형 미분 방정식인 경우에는 초기 조건의 위치에 따라 매우 다른 성격의 해가 얻어질 수 있음에 유의한다. 선박의 횡경사에 대한 운동 방정식은 약한 스프링에 대한 경우와 비슷하여, 예를 들어 초기 변위가 작다고 하더라도, 초기 속도가 과도하면 전복할 수 있다는 것을 위의 해는 시사하고 있다.

비선형 진동에 대한 더 자세한 사항은 [참고문헌 6]으로 미루기로 한다.

연습문제

10-1. 운동 방정식이 식 (8-5)와 같은 경우, 즉 다음과 같은 경우,

$$\ddot{x} + 2\zeta\omega_n \dot{x} + \omega_n^2 x = 0 \tag{E1}$$

이 식의 미지함수를 $y(t) = x(t)e^{-\zeta\omega_n t}$ 로 치환하여 속도에 비례하는 항을 소거할 수 있음을 보이시오.

10-2. SM계에 대해 식 (7)과 같은 형태의 1차 적분을 구하면 식 (8)이 됨을 보이시오.

10-3. 식 (11)을 시간에 대해 한 번 미분하여 운동 방정식을 얻고, 그 방정식의 해와 위상 평면에서 얻어진 해 사이의 관계에 대해 논하시오.

10-4. 위치에너지, 또는 함수 $f(x)$ 가 다음과 같은 4차 방정식으로 주어질 때, 평형점을 구하고, 각 평형점에서의 안정성에 대해 판정하시오.

$$f(x) = \alpha x^2(\beta^2 - x^2) \tag{E2}$$

10장 쉬어가기

Poincaré(1854-1912, France)는 1881-1882년에 'On curves defined by differential equations'이라는 일련의 논문들을 통해 위상 평면과 10장 2절에서 다룬 중심, 안장점을 포함하는 특이점(singular points)의 특성에 대한 결과를 발표하여 미분 방정식에 대한 새로운 관점을 제공하였다(쉬어가기 그림 10-1). 그의 논문들은 '미분 방정식에 대한 정성적 이론(qualitative theory)'을 확립시켰으며, 주어진 미분 방정식의 해를 완전히 구할 수 없는 경우에도 그 해의 성질에 대해 위상 평면 상에서 충분한 정보를 얻음으로써 소기의 목적을 달성할 수 있다는 것을 보였다.

Lyapunov(1857-1918, Russia)는 1892년 동역학적인 계의 안정성에 대한 그의 박사 학위 논문, 'The general problem of the stability of motion'에서 그의 이름으로 불리는 함수와 두 가지 안정성의 정의를 도입하였다(쉬어가기 그림 10-1). 그의 논문은 처음에는 별로 주목을 받지 못하였으나, 1950년대에 이르러 우주발사체의 유도체계(guidance system)의 안정성과 관련하여 그의 안정성 개념이 유효한 것이 알려지면서 널리 사용되기에 이르렀다.

두 과학자에 의해 알려진 개념과 방법들은 오늘날 점근해석(asymptotic analysis), 제어이론(control theory), 혼돈이론(chaos theory) 등에서 핵심적 역할을 하고 있으며, 수많은 새로운 개념, 이론들의 토대를 제공하고 있다.

쉬어가기 그림 10-1 Poincaré와 Lyapunov

Chapter 11

선박의 저항추진, 운동 문제

11.1 입사파의 방향에 따른 분류

선박, 특히 함정은 거친 바다에서도 작전을 수행할 수 있는 능력을 가질 것이 요구되므로 함정의 운동특성은 함정의 전투 능력과 관련하여 대단히 중요한 의미를 가진다. 일반적인 선박의 경우에도 일정한 방향으로 파도가 입사할 경우의 선박운동특성에 대해 설계 초기 단계부터 유의해야 하는데, 특히 2차원 단일 진동수의 파도, 즉 규칙파(regular waves)가 선박에 대해 일정한 방향으로 입사하는 경우에 대해서는 그림 11-1에 보인 바와 같은 명칭으로 부른다.

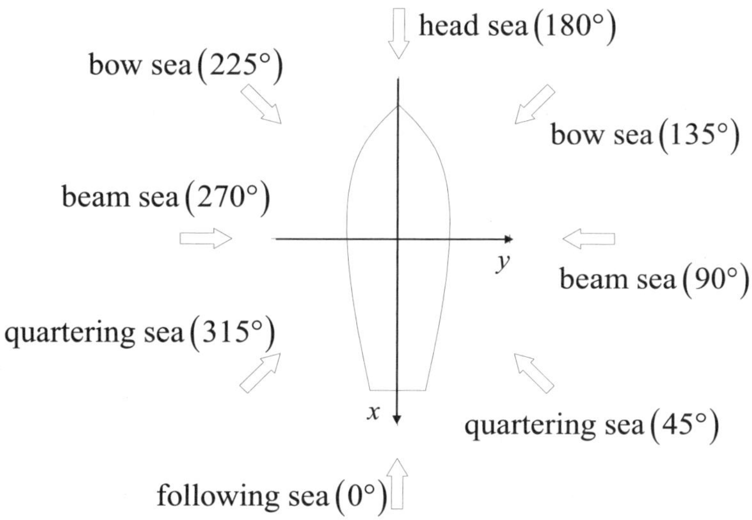

그림 11-1 규칙파의 입사 방향에 따른 해상 상태의 명칭

양의 x방향으로 입사하는 경우에는 선수파(head sea), 음의 x방향으로 입사하는 경우에는 선미파(following sea), y방향으로 입사하는 경우에는 횡파(橫波, beam sea)라고 각각 부른다. 선수파와 선미파의 구분이 불필요한 경우, x축에 평행한 진행방향을 가지는 입사파는 모두 종파(縱波, longitudinal waves)라고 부르며, 또한 y축에 평행한 진행방향을 가지는 입사파는 횡파(橫波, 영어로는 transverse waves)라고도 부른다. 또한 선수방향에 대해 45° 방향으로 입사하는 경우에는 선수사파(bow sea), 선미방향에 대해 45° 방향으로 입사하는 경우에는 선미사파(quartering sea)라고 각각 부른다. 일반적으로 임의의 사파(oblique waves)에 대해 종파와 횡파로 성분 분해하여 다룰 수 있으므로, 기본적으로 종파와 횡파가 중요함을 알 수 있다.

11.2 선박의 6 자유도 동요

배는 항해 시 통상 파도로 덮여 있는 바다를 일정한 속도로 전진한다. 이 경우 선박은, 해상에 이미 생성되어 있는 파도, 즉 입사파(incident waves)를 만나게 되는데, 입사파 또한 선박에 부딪혀 변형된다. 이와 같은 상황에서 선박은 일반적으로 6 자유도 운동을 하게 되는데, 선박의 질량중심(center of mass) O에 원점을 가진 좌표계 $O-xyz$를 생각할 때(그림 11-2 참조), 각각의 좌표축에 대한 3개의 병진운동과 회전운동을 하게 된다.

이들 운동은 질량중심을 기준점으로 가지는 미소 진폭의 주기적 동요(periodic oscillation)로 생각할 수 있는데, x, y, z방향에 대한 병진운동은 각각 전후동요(surge), 좌우동요(sway), 상하동요(heave)라고 부르며, 회전운동은 각각 횡동요(roll), 종동요(pitch), 선수동요(yaw)라고 부른다.

선박의 좌우 대칭성 때문에, 종파 중에서 선박은 상하동요-종동요-전후동요의 연성운동(coupled motion)을 하게 되며, 횡파 중에서는 상하동요-횡동요-좌우동요-선수동요의 연성운동을 하게 된다.

한편, 선박의 운동 중, 전후동요, 선수동요, 좌우동요는 수평면 상에서 운동이 일어나므로, 수평 모드의 운동이라고 부를 수 있으며, 이들은 복원력을 받지 않는 운동이므로, 고유진동수가 없는 모드이며, 따라서 공진의 위험도 없는 운동이다. 단 부유식 해양구조물의 경우에는 이들 모드에서 나타나는 표류(drift)가 문제가 될 수 있으며, 이에 대한 보정을 위해 동적위치제어(Dynamic Position-keeping, DP)가 고려된다.

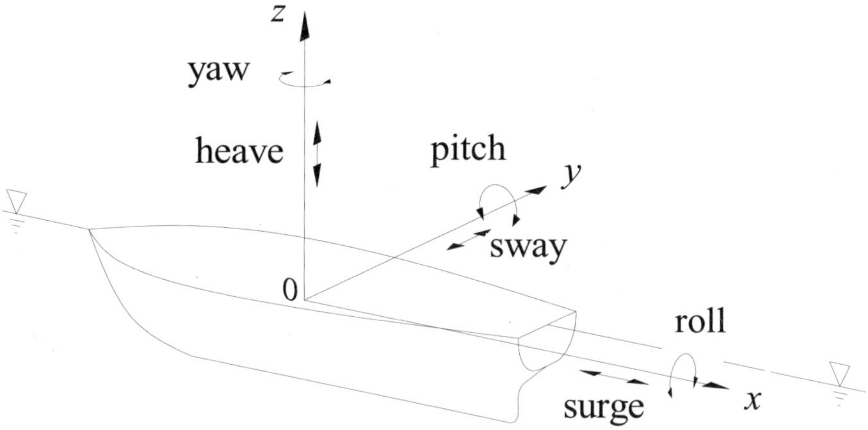

그림 11-2 좌표계와 선박의 6 자유도 동요

또한 상하동요, 종동요, 횡동요는 선체 운동이 연직 평면 내에서 일어나므로, 연직 모드라고 부르고, 이들에 대해서는 부력에 기인하는 복원력이 작용하므로, 각 동요는 고유진동수를 가지며, 따라서 공진에 대한 대비를 하여야 한다. 일반적으로 상하동요와 종동요의 고유주기는 거의 비슷하며, 따라서 선수 선미부의 과도한 변위, 가속도에 의해 슬래밍(slamming), 녹수(greenwater), 프로펠러의 간헐적 부상(浮上) 등의 문제점이 발생할 수 있으므로 이들에 대한 고려가 필요하다.

선종에 따라서 횡동요의 고유주기는 상하동요 및 종동요의 고유주기의 반 정도에 해당하므로, 매개공진(parametric resonance)의 위험성도 고려되어야 한다. 매개공진은 다른 모드 사이의 상호작용(interaction)에 의해 발생하는 공진이며, 초기설계 시부터 주의를 기울여야 한다.

6 자유도계 운동에 대한 운동 방정식을 세워 각각의 운동에 대한 해를 구하는 것은 대단히 복잡하므로, 선박의 운동에 대한 기본적 사항들을 이해하기 위해서는 보다 단순한 문제를 생각하는 것이 불가결하다. 먼저 입사파는 2차원 단일 진동수의 조화 함수로 주어지는 파도라고 가정하고, 물체 또한 2차원 물체라고 가정하면, 훨씬 더 간단한 문제를 다룰 수 있다. 이 경우에도 물체는 동일 평면 내에서 일어날 수 있는 운동인 상하동요, 좌우동요와 횡동요를 같이 하게 되므로 일반적인 경우를 고려하면 세 운동 성분의 연성운동을 생각해야 하나, 여기서는 보다 간단하게 병진운동과 회전운동의 각

각의 특성을 따로 알아보기 위해 12장에서는 상하동요만을, 그리고 13장에서는 횡동요만을 하는 경우를 가정하여 차례로 살펴본다.

11.3 문제의 분해

선박이 입사파 중에서 전진할 때, 입사파는 선박에 부딪혀 변형되는데 이와 같이 변형된 파도는 통상 입사파와 산란파의 합으로 생각되며[1] 이들 파도에 기인하여 선박이 받는 힘은 각각 입사력(incident force), 산란력(scattering force)이라고 부른다. 또한 선박은 파도에 기인하는 힘을 받아 일반적으로 6 자유도 운동을 하게 되며, 이와 같은 선박의 운동에 의해 수면 상에 파도가 만들어지며, 이와 같은 파도는 방사파(radiation waves)라고 하며, 이 파도에 의해 선박이 받는 힘을 방사력(radiation force), 이와 같은 파도를 구하는 문제를 방사 문제(radiation problem)라고 한다.

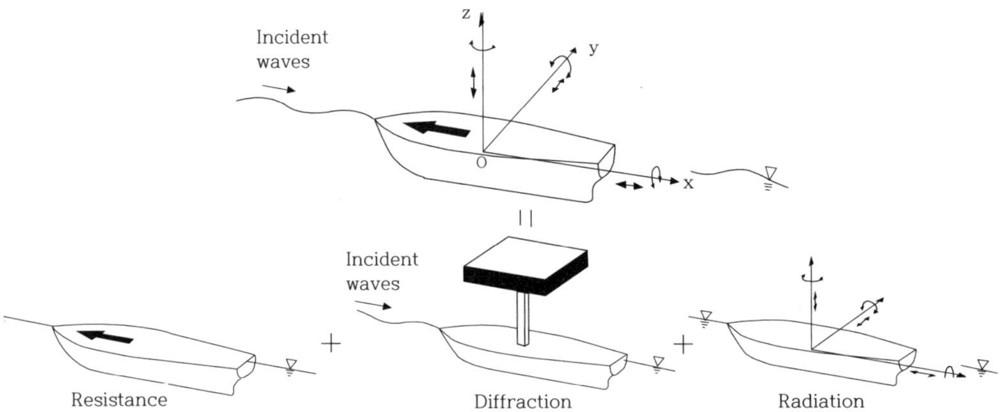

그림 11-3 저항, 회절, 방사 문제로의 분해

1) 산란파를 구하는 문제는 회절 문제(diffraction problem)라고 부르고, 입사파와 산란파의 합은 회절파(diffraction waves), 입사력과 산란력의 합은 회절력(diffraction force)이라고 부른다.

이하에서는 그림 11-3에 보인 바와 같이 파도 중에서 전진하는 배가 받는 힘을 구하기 위한 문제를 저항 문제, 회절 문제와 방사 문제의 합으로 분해할 수 있다는 것을 보이기로 한다. 입사파를 지금까지와 같은 방법으로 나타내기 위해 좌표계의 원점은 평형 상태에 있는 배의 질량중심의 연직 상방의 정수면 상에 잡기로 한다.

그림의 위에 보인 것과 같은 문제의 해는, 비점성 비압축성 유체를 가정하면 다음과 같은 경계치 문제를 만족해야 한다. 먼저 식 (2.11)로부터 질량보존의 법칙인 연속방정식, 즉 Laplace 방정식을 만족하는 속도포텐셜이 존재해야 한다.

$$\nabla^2\phi = 0\text{, 유체 내부의 모든 곳에서} \tag{1}$$

위의 속도포텐셜은 유체 영역의 경계인 수표면과 물체 표면에서의 경계 조건을 만족하도록 결정된다(그림 11-4 참조). 먼저 수표면에서의 선형화된 경계 조건은 식 (3.14)로부터 다음과 같으며,

$$\frac{\partial^2\phi}{\partial t^2}+g\frac{\partial\phi}{\partial z} = 0, \quad z = 0\text{에서} \tag{2}$$

물체 표면 S_B에서의 경계 조건인 비침투 조건은 식 (2.53)으로부터 다음과 같다.

$$\frac{\partial\phi}{\partial n} = \left(-U_0\hat{i}+\underline{U}+\underline{\Omega}\times\underline{x}'\right)\cdot\hat{n},\ S_B\text{ 상에서} \tag{3}$$

여기서 $\hat{n} = (n_1, n_2, n_3)$은 S_B 상에서 유체 쪽을 향하는 법선 방향의 단위 벡터이고, U_0는 배의 전진속도, $\underline{U} = (U_1, U_2, U_3)$는 질량중심의 병진동요(translational oscillation) 에 의한 속도, $\underline{\Omega} = (\Omega_1, \Omega_2, \Omega_3) = (U_4, U_5, U_6)$는 물체의 질량중심에 대한 회전동요(rotational oscillation)에 의한 속도로, 다음 식으로 주어진다고 가정한다.

$$U_j(t) = \frac{dX_j(t)}{dt} = \frac{d}{dt}Re\left\{\xi_j e^{i\omega t}\right\} = Re\left\{i\omega\xi_j e^{i\omega t}\right\}, \quad j = 1,\cdots,6. \tag{4}$$

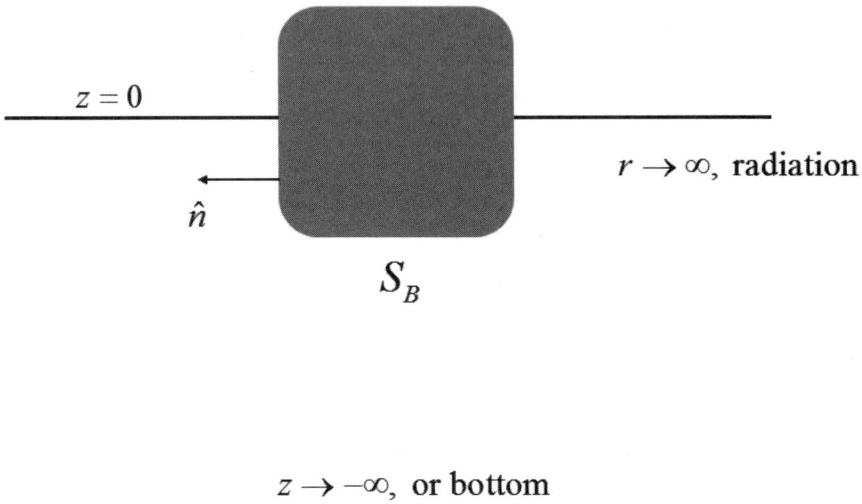

그림 11-4 경계치 문제

여기서 ξ_j는 동요의 복소진폭(complex amplitude)으로 각 동요와 입사파 사이의 위상차에 대한 정보를 포함하고 있다. 이와 같이 물체의 동요가 시간에 대해서는 조화 동요라고 가정하고 문제를 푸는 방법을 주파수영역(frequency-domain) 또는 진동수영역 해석이라고 부른다. 또 $\underline{x}'$은 물체 표면상에 있는 점의 위치 벡터(position vector)이다.

속도포텐셜은 또한 수심이 무한한 경우, $z \rightarrow -\infty$에서는 유동이 무시할 만큼 작다는 바닥 조건(bottom condition)을 만족해야 하며, 또 배에 의해 생성된 파도는 배로부터 먼 쪽으로 전파된다는 방사 조건(radiation condition)을 만족해야 한다.

입사파는 $x = -\infty$로부터 진행해 온다고 가정하고, 위의 식 (1), (2), (3)과 바닥 조건 및 방사 조건을 만족하는 속도포텐셜을 구하기 위해 다음과 같이 가정한다.

$$\phi(\underline{x},t) = \Phi(\underline{x}) + Re\left\{\left(\phi_i(\underline{x}) + \phi_s(\underline{x}) + \sum_{j=1}^{6}\xi_j\phi_j(\underline{x})\right)e^{i\omega t}\right\} \qquad (5)$$

이 식에서 Φ는 배의 전진속도에 기인하는 저항 문제의 해인데, Φ가 만족해야 하는 S_B상의 경계 조건은 다음과 같다.

$$\frac{\partial \Phi}{\partial n} = -U_0 n_1, \; S_B \text{ 상에서.} \tag{6}$$

이 경계 조건에 따르면 저항 문제는 정수 중에서 전진하는 배 주위의 유동에 대한 속도포텐셜을 구하는 문제이며, 점성은 무시하고 있으므로, Φ를 알면 전진하는 배가 만들어 내는 파도에 기인하는 조파저항을 구할 수 있다. 저항 문제는 저항추진 과목에서 다루기로 하고 이하에서는 더 이상 고려하지 않기로 하나, 단 배가 파도를 만나는 진동수, 즉 조우진동수는 배의 전진속도에 따라 변화하므로 전진속도가 기진력의 진동수에 미치는 영향에 대해서는 다음 절에서 고려하기로 한다.

식 (5)에서 ϕ_s는 회절 문제의 해로 산란포텐셜(scattering potential)이라고 불리며, ϕ_s가 만족해야 하는 S_B 상의 경계 조건은 다음과 같다.

$$\frac{\partial}{\partial n}(\phi_i + \phi_s) = 0, \; S_B \text{ 상에서} \tag{7}$$

이 경계 조건에 따르면 회절 문제는 정지해 있는 선박에 입사하는 파가 배에 의해 어떻게 변형, 즉 산란되며(scattered), 그에 따라 어떤 산란파가 만들어지는지를 구하는 문제이다.

입사파의 속도포텐셜인 $\phi_i(\underline{x})$는 식 (3.32)와 비교하여 다음을 얻는다.

$$\phi_i = \frac{igA}{\omega} e^{kz} e^{-ikx} \tag{8}$$

식 (5)에서 $\phi_j (j = 1;6)$는 방사 문제의 해로 방사포텐셜(radiation potential)이라고 불리며, 이들이 만족해야 하는 S_B 상의 경계 조건은 다음과 같다.

$$\frac{\partial \phi_j}{\partial n} = \begin{cases} i\omega n_j, & j = 1,2,3 \\ i\omega(\underline{x}' \times \hat{n})_{j-3}, & j = 4,5,6 \end{cases}, \quad S_B \text{ 상에서} \tag{9}$$

이 경계 조건에 따르면 방사 문제는 정수 중에서 전진속도를 가지지 않은 선박이 6 자유도계 동요를 할 때, 그에 따라 생성되는 선체 주위의 유동을 구하는 문제이다.

식 (5)에서 방사포텐셜 ϕ_j는 단위 진폭의 동요에 상응하는 포텐셜이며, 동요의 진폭인 ξ_j는 선박에 대한 운동 방정식으로부터 해로 얻어짐에 유의한다. 12장에서 보일 바와 같이 방사포텐셜에 기인하여 선박은 유체로부터 힘을 받게 되며, 이들 힘을 고려해야 운동 방정식을 얻을 수 있는데, 동요의 진폭이 그렇게 크지 않다는 가정 하에 문제의 선형성을 이용하고 있는 점에 주목하기 바란다.

Φ, ϕ_i, ϕ_s, ϕ_j는 모두 연속방정식인 식 (1)과 수표면에서의 경계 조건인 식 (2)를 만족하며, 바닥 조건을 만족하도록 결정된다. 한편 식 (6), (7), (9)와 식 (5)로부터 물체 표면에서의 경계 조건인 식 (3)이 만족됨을 확인할 수 있다.

저항 문제의 해는 배에 의해 생성되는 파도는 배의 뒤쪽에 위치해야 한다는 방사 조건을 만족해야 하며, 또한 회절 문제에서의 산란파와 방사 문제의 방사파는 파도가 배로부터 먼 쪽으로 전파된다는 방사 조건을 만족해야 한다. 이와 같은 경계 조건을 만족하도록 하면, 식 (5)의 분해를 사용하여 원래 주어진 문제의 해를 구할 수 있다.

방사 조건은 식 (5)에서 문제의 해를 초기치 문제의 해로 보지 않고, 과도해가 사라진 후, 정상해만 존재하는 시점에 대해 구하고 있으므로, 파도의 진행 방향에 대한 조건을 추가로 가해야 하는 점에 기인하여 필요한 조건임에 유의한다. 물론 초기치 문제로 문제를 생각할 수도 있으며, Cummins(1962)는 이와 같은 방법을 사용하여 선박의 운동을 시간영역(time-domain)에서 구하는 문제를 고려하였다.

한편 Haskind(1957)는 산란포텐셜을 구하지 않고도 산란 또는 회절에 기인하여 선박에 작용하는 힘을 구할 수 있는 공식을 구하였으며, 이 결과는 보통 Haskind 관계식이라고 불리며, 이를 이용하여 회절에 기인하는 힘을 구하고 있으므로, 실제로는 보통 회절 문제를 풀지 않고도 그에 기인하여 선박에 작용하는 힘을 구할 수 있다는 점을 지적해 둔다.

11.4 조우진동수와 선미사파

그림 11-5에 보인 바와 같이 위상속도 c인 파도의 진행 방향과 전진속도 U인 배의 진행 방향이 이루는 각도를 μ라고 하면, 파도의 진행 방향으로 잰 배와 파도의 상대적 거리의 단위 시간 당 변화량 c_e는 다음과 같다.

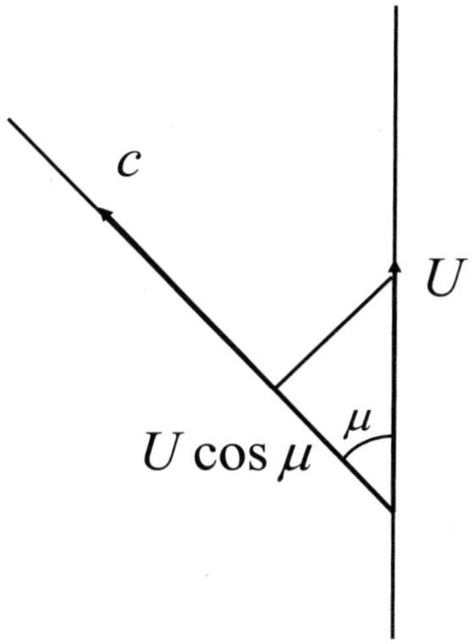

그림 11-5 파도의 진행 방향과 배의 전진속도

$$c_e = c - U\cos\mu \tag{10}$$

이 거리의 변화량을 파도의 파장 λ로 나누어 주고 rad 값으로 고쳐 주기 위해 2π를 곱해 주면 단위 시간 당 배가 파도를 만나는 횟수, 즉 조우진동수(encounter frequency) ω_e를 다음과 같이 얻는다.

$$\omega_e = \omega - kU\cos\mu \tag{11}$$

여기서 $k = 2\pi/\lambda$이며, $\omega = ck$를 이용하였다.

이 식에 분산관계식, 식 (3.19)를 대입하면 다음을 얻는다.

$$\omega_e = \omega - \frac{U\cos\mu}{g}\omega^2 = \omega - \xi\omega^2,\ \xi = U\cos\mu/g \tag{12}$$

여기서 선미파를 포함한 선미사파에 대해 $\mu \in (-\pi/2, \pi/2)$이므로 $\xi > 0$, 선수파를 포함한 선수사파에 대해 $\mu \in (\pi/2, 3\pi/2)$이므로 $\xi < 0$이며, 횡파에 대해서는 $\xi = 0$이므로 $\omega_e = \omega$를 얻는다.

$\omega > 0$, $\omega_e \in (-\infty, \infty)$임을 고려하면, 그림 11-6에 보인 바와 같이 선수사파에 대해서는 항상 $\omega_e > \omega > 0$이며 ω_e와 ω는 1:1 대응관계에 있다.

그러나 선미사파에 대해서는 $|\omega_e| < 1/4\xi$이면, 주어진 $|\omega_e|$에 대해 세 개의 서로 다른 ω가 상응함을 알 수 있다. $\omega_e > 0$인 경우는 파도가 선수로부터 선미쪽으로 진행하며, $\omega_e < 0$인 경우는 그 반대이다. 그림에서 알 수 있는 바와 같이 $|\omega_e| > 1/4\xi$이면 선미사파의 경우 $\omega_e < 0$에 상응하는 ω는 하나밖에 없다.

이와 같이 선미사파의 경우에는 조우진동수와 파도의 진동수 사이에 1:1 대응관계가 성립하지 않으며, 특히 $d\omega_e/d\omega = 0$인 점 부근에서는 ω의 변화에 따른 ω_e의 변화가 크지 않으므로 만약 이 점에 상응하는 조우진동수 부근에 고유진동수가 있다면 매우 조심해야할 상황이 발생할 수 있다.

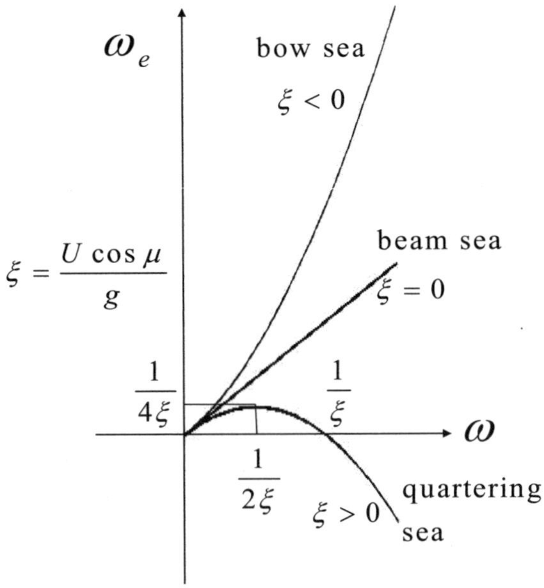

그림 11-6 입사파의 진동수의 함수로 나타낸 조우진동수

ω_e를 ω의 함수로 나타냈을 때, 기울기가 영인 점은 $(\omega_m, \omega_{em}) = (1/2\xi, 1/4\xi)$로 주어지는데, 예를 들어 횡동요 고유진동수가 0.35 rad/s인 어떤 선박에 대해 $U = 10\ m/s$, $\mu = \pi/4$이면, $1/4\xi = \sqrt{2}/4 = 0.354$이므로 조우진동수가 고유진동수에 매우 가깝다. 이 경우, $\omega \in (\omega_m - 0.1, \omega_m + 0.1)$에 대해 $\omega_e \in (\omega_{em} - 0.007, \omega_{em})$이므로, $\omega \in (0.6, 0.8)$, 즉 $\lambda \in (98\ m, 175\ m)$의 광범위한 파도에 대해 횡동요는 공진에 매우 가까운 상태에 있게 되므로 선장으로서는 반드시 숙지하여 조심해야 할 상황임을 알 수 있다.

그림 11-7에는 사파 중에서 어떤 구축함의 전진속도가 20 kts일 때, 횡동요의 무차원화한 진폭을 여러 입사 방향에 대해 보였다. 여기에 보인 경우 중, $\mu = \pi/3$인 때, $\omega \in (0.5, 1.2)$에 대해 매우 큰 진폭을 보이고 있는 것은 바로 위에서 설명한 것과 같은 이유에 기인하며, $\mu = \pi/6$인 때와 비교하여 전반적으로 매우 큰 횡동요 진폭을 나타내고 있음을 알 수 있다. 또한 선수사파의 경우에는 좁은 진동수 구간에서만 진폭이 커지는 전형적인 공진 현상을 보이고 있으나, 선미사파의 경우에는 입사 방향에 따라 매우 큰 진동수 구간에 대해 진폭이 큰 값을 가지는 점에 다시 한 번 유의한다.

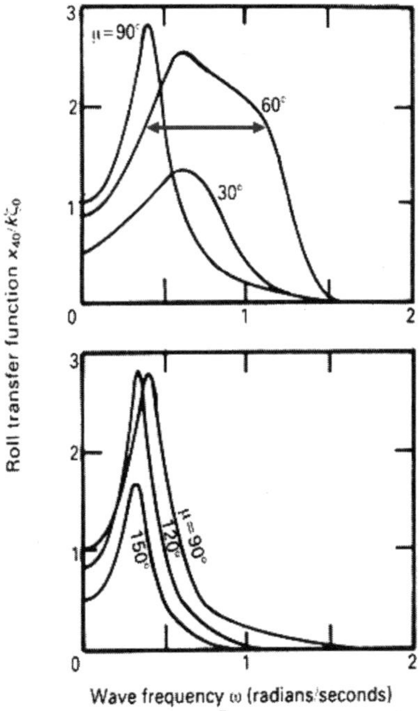

그림 11-7 사파 중에서의 횡동요의 진폭(U=20 kts)

연습문제

11-1. 저항 문제에 대한 선체 표면에서의 경계 조건에 대해 논하시오.

11-2. 회절 문제에 대한 선체 표면에서의 경계 조건에 대해 논하시오.

11-3. 상하동요에 대한 방사 문제의 선체 표면에서의 경계 조건에 대해 논하시오.

11장 쉬어가기

입사파가 없는 정수 중에서의 선박의 횡동요를 Euler는 1749년 'Ship science'라는 저서를 통해 단진자의 자유 동요와 유사하게 간주하여 다루었고, 그의 사형이었던 Daniel Bernoulli(1700-1782, Switzerland)는 1757년 파리 과학아카데미의 학술대상(Grand Prize of the Paris Academy of Science)을 받았던 논문에서 종동요와 횡동요를 감소시키는 방법에 대해 기술하였으며, 여기서 그는 파도 주기와 선박 동요의 고유주기가 같을 때, 즉 공진 시에 운동의 진폭이 매우 증가하는 강제 동요의 현상에 대해 다루었다.

W. Froude는 1861년 'On the rolling of ships'라는 논문에서 횡파 중에서의 횡동요와 관련하여 산란의 영향을 무시하고 문제를 다루었으나, 부력의 작용 방향에 대한 기본적인 가정에 약간의 오류가 있었으며, Krylov(1863-1945, Russia)는 1896년 영국 조선학회에서 같은 주제에 대해 초청강연을 하게 되었다(쉬어가기 그림 11-1). 여기서 그는 Froude의 오류를 정정하고, 산란의 영향을 고려하지 않은 것을 제외하고는 합리적인 횡동요에 대한 이론을 제시하였다. 그는 1898년 발간된 'A new theory of the pitching motion of ships in waves, and of the stresses produced by this motion'이라는 논문을 통하여 감쇠를 고려한 종동요에 대한 운동 방정식을 최초로 유도하였다.

쉬어가기 그림 11-1 Krylov와 Ursell

한편 Joukowski(1847-1921, Russia)는 1931년의 'The action of gravity waves in shallow water on a body floating on its surface'라는 논문에서 정수 중에서 자유 동요하는 부유체의 진동수를 얻기 위해서는 부가질량을 고려해야 한다는 점을 최초로 지적하였으며, Ursell(1923-2012, UK)은 1949년 'On the heaving motion of a circular cylinder on the surface of a fluid'라는 논문을 통해 수면에 반잠수한 원주가 상하동요할 경우에 대한 방사 문제를 해결하여 선박의 다양한 동요와 관련된 방사 문제의 해법을 제공하였다.

Russia의 Haskind는 회절 문제의 해를 구하지 않고도 입사파의 산란 영향을 고려할 수 있도록, 방사 문제의 해를 이용하여 산란력을 구하는 방법을 1957년, 'The exciting forces and wetting of ships in waves'라는 논문에서 밝혔다.

Chapter 12

2차원 주상체의 강제 상하동요

12.1 회절 문제와 방사 문제

회절 문제는 입사파가 정지해 있는 선박에 의해 어떻게 변형, 즉 산란되며(scattered), 그에 따라 어떤 산란파가 만들어지는지를 구하는 문제이다. 임의의 형상을 가지는 선박 또는 해양구조물에 대해 이 문제를 편미분 방정식으로 정확히 정의하고 그 문제를 푸는 것은 대학원 수준에서 다룰 수 있으므로, 여기서는 그림 12-1에 보인 것과 같은 보다 단순한 경우에 대해 물리적인 고찰을 하는 것으로 만족하기로 한다.

한 가지 지적할 것은 회절 문제는 정지해 있는 물체에 입사파가 들어오는 경우를 생각하므로, 상하동요 또는 횡동요만을 하도록 되어있는 두 문제에 대해, 회절 문제는 동일하다는 점이다. 동일한 물체에 대해서는 하나의 회절 문제밖에 없으며, 따라서 이하에서 논의하는 내용은 6 자유도계 운동 중 어떤 운동에 대해서도 성립하는 내용임에 유의한다.

그림 12-1에는 직사각형 단면의 2차원 주상체가 공간 상에 고정되어 있고, 양의 x 방향으로 진폭 A의 입사파가 진행하는 경우를 보였다. 여기서 물체의 폭은 B, 흘수는 D이다.

먼저 y방향으로 작용하는 입사력은 입사파에 기인하는 압력의 y방향 성분을 물체 표면에 걸쳐 적분하여 얻을 수 있으므로, 입사파에 기인하는 압력을 구해야 한다. 비정상 유동에 대한 선형화된 Bernoulli 방정식인 식 (3-40)을 사용하여, 입사파에 기인하는 수동압을 다음과 같이 구할 수 있다.

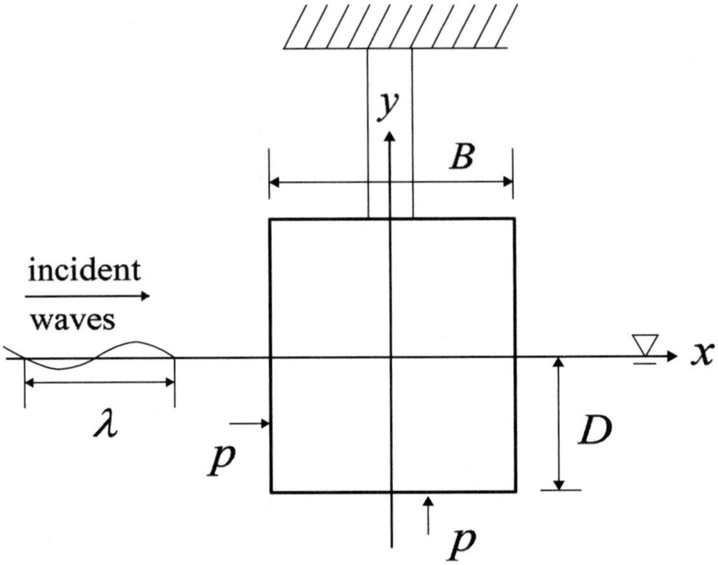

그림 12-1 직사각형 단면의 2차원 주상체에 대한 회절 문제

$$\frac{p_d}{\rho} = -\frac{\partial \phi}{\partial t} = gAe^{ky}\cos\Theta = ge^{ky}\eta_i \tag{1}$$

여기서 η_i는 입사파에 기인하는 수표면의 변위로 다음과 같다.

$$\eta_i = A\cos\Theta = A\cos(kx - \omega t) \tag{2}$$

y방향의 입사력 F_i는 물체의 바닥 면에 작용하는 수동압에 의해서 주어지므로, $b = \dfrac{B}{2}$라고 하면, 다음과 같은 적분에 의해 얻어진다.

$$F_i = \rho g A e^{-kD} Re\left[e^{-i\omega t}\int_{-b}^{b} e^{ikx}dx\right] = \frac{2\rho g A}{k}\sin kb\, e^{-kD}\cos\omega t \tag{3}$$

이 식에 따르면, $B=n\lambda$인 경우, $\sin kb = \sin\dfrac{\pi n\lambda}{\lambda} = \sin n\pi = 0$이므로, F_i는 영이 되고, $B=(n+\dfrac{1}{2})\lambda$인 경우, $\sin kb = \sin\dfrac{\pi(n+1/2)\lambda}{\lambda} = \sin(n+1/2)\pi = \pm 1$이므로, 그 절대값이 최대가 된다. F_i는 $\cos\omega t$의 위상을 가지며, 따라서 원점에서의 입사파의 변위와 같은 위상을 가짐에 유의한다.

위에서 구한 입사력은 7장 4절에서 논의한 바와 같이 통상 Froude-Krylov 힘으로 불리는데, 입사파가 물체에 의해 크게 변형되지 않았다고 볼 수 있을 때는 산란력보다 훨씬 큰 값을 가지며, 그런 경우에는 입사력만을 고려해도 크게 틀리지 않는 결과를 얻을 수 있다.

산란파와 그에 따른 산란력을 구하기 위해서는 회절 문제에 대한 해답을 구해야 하는데, 간단한 형상의 물체에 대해서는 이론해가 존재하기도 하지만 이론해도 꽤 복잡한 형태를 가지며, 임의 형상의 물체에 대해서는 통상 수치적인 방법을 이용하여 해를 구한다. 따라서 여기서는 회절 문제에 대한 속도포텐셜, 즉 산란포텐셜 $\phi_s(x,y,t)$를 구했다고 가정하고 그 이후의 과정에 대해 설명하기로 한다.

산란파에 기인하는 수동압은 입사파의 경우와 마찬가지로 선형화된 Bernoulli 방정식인 식 (3-40)을 사용하여 구할 수 있으며, 이 압력을 적분하여 산란력 F_s를 얻을 수 있다. 여기서는 y방향의 힘을 고려하기로 하면 $y=-D$에 있는 바닥 면에 대한 적분으로부터 다음 결과를 얻는다.

$$F_s = -\rho\int_{-b}^{b} \frac{\partial \phi_s}{\partial t}\bigg|_{y=-D} dx \tag{4}$$

식 (4)에 의한 결과는 일반적으로 $\cos\omega t$와 $\sin\omega t$의 성분을 가지므로, 원점에서의 입사파의 변위 $\eta = A\cos\omega t$라고 하면, F_s는 η의 2계 미분과 1계 미분을 사용하여 통상 다음과 같이 표현할 수 있다.

$$F_s = G_2\ddot{\eta} + G_1\dot{\eta} \tag{5}$$

다시 말하면, 산란력을 원점에서 계산된 수표면의 가속도 및 속도와 같은 위상을 가지는 성분으로 분해하여 나타낼 수 있다.

방사 문제는 정수 중에서 전진 속도를 가지지 않은 선박이 6 자유도 동요를 할 때, 그에 따라 생성되는 파도, 즉 방사파를 구하는 문제이다. 일반적인 선박의 운동은 6 자유도 동요이지만 여기서는 2차원 주상체의 상하동요에 국한하여 살펴본다.

먼저 그림 12-2에 정수 중에서 상하동요하는 2차원 주상체와 좌표계를 보였다. 상하동요의 변위 $y(t)$는 다음과 같고,

$$y = y_0 \cos(\omega t + \epsilon) \tag{6}$$

여기서 ϵ은 원점에서의 입사파에 의한 수면의 변위의 위상과 상하동요 사이의 위상차이다.

방사파와 그에 따른 방사력을 구하기 위해서는 방사 문제에 대한 해답을 구해야 하는데, 회절 문제에 대해서와 마찬가지로 간단한 형상의 물체에 대해서는 이론해가 존재하기도 하지만 이론해도 꽤 복잡한 형태를 가지며, 임의 형상의 물체에 대해서는 통상 수치적인 방법을 이용하여 해를 구한다. 따라서 여기서는 방사 문제에 대한 속도포텐셜, 즉 방사포텐셜 $\phi_r(x,y,t)$를 구했다고 가정하고 그 이후의 과정에 대해 생각하기로 한다.

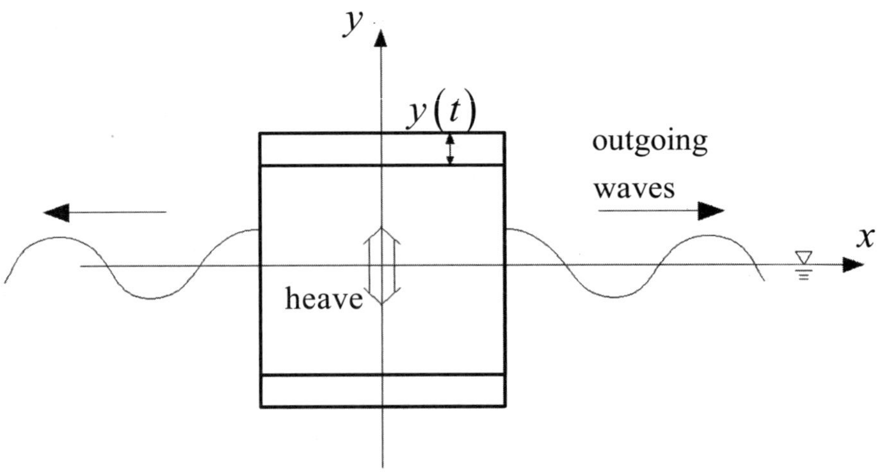

그림 12-2 2차원 주상체의 상하동요에 대한 방사 문제

방사 문제에 기인하는 힘을 구하는 경우에는 물체의 운동 때문에 압력을 적분하는 물체표면의 위치가 바뀐다. 압력은 수정압과 수동압의 합으로 이루어지는데, 수정압의 적분은 변화된 위치에서 수행하고, 수동압의 적분은 평형 위치에 대해 수행한다. 이는 수정압에 비해 수동압의 크기가 작은 양이라고 가정하는 선형 이론을 사용하는데 따른 결과이다.

먼저 상하동요에 의해 변화된 물체의 위치에 대해 수정압을 적분하면 평형 위치에서 받는 부력과는 다른 값을 얻게 되는데, 이 차이는 바로 복원력(restoring force) F_b에 해당한다. 상하동요의 변위를 $y(t)$라고 하면 복원력은 다음과 같이 주어진다.

$$F_b = -\rho g \int_{-b}^{b} y\, dx = -\rho g B y \tag{7}$$

수동압은 선형화된 Bernoulli 방정식인 식 (3-40)을 사용하여 구할 수 있으며, 이 압력을 2차원 주상체의 평형 위치에 대해 적분하여 방사력(radiation force) F_r과 방사 모멘트(radiation moment) M_r을 얻을 수 있다. y방향의 힘, F_r을 고려하면, $y=-D$에 있는 바닥 면에 대한 적분으로부터 다음 결과를 얻는다.

$$F_r = -\rho \int_{-b}^{b} \left. \frac{\partial \phi_r}{\partial t} \right|_{y=-D} dx \tag{8}$$

식 (8)에 의한 결과는 통상 $\cos(\omega t+\epsilon)$과 $\sin(\omega t+\epsilon)$의 성분을 가지므로, y의 2계 미분과 1계 미분을 사용하여 다음과 같이 나타낼 수 있다.

$$F_r = -m_a \ddot{y} - \mu \dot{y} \tag{9}$$

식 (9)의 우변의 첫째 항은 상하동요의 가속도와, 둘째 항은 속도와 같은 위상을 가진다. 첫째 항은 유체 중에서 운동하는 물체의 가속도에 비례하는 힘이므로, 7장 2절에서 고려했던 바와 마찬가지로 그 비례상수 m_a는 부가질량으로 불리는 양이다. 둘째 항은 물체의 속도에 비례하는 힘으로, 조파에 기인하는 감쇠력이며, μ는 조파감쇠계수로 불린다.

상하동요하는 주상체의 부가질량은 진동수에 따라 변화하는데, 이를 무차원화하여 생각하기 위해 먼저 다음과 같이 원고유진동수(pre-natural frequency) ω_0를 정의한다.

$$\omega_0 = \sqrt{\frac{c}{m}} = \sqrt{\frac{g}{D}} \tag{10}$$

여기서 마지막 등호는 직사각형 주상체의 경우 $m = \rho BD$, $c = \rho g B$임을 고려하여 얻었다.

반잠수된(half-submerged) 반경이 a인 원주의 경우에는 $m = \rho\pi a^2/2$, $c = 2\rho g a$이므로 원고유진동수 ω_0는 다음과 같다.

$$\omega_0 = \sqrt{\frac{c}{m}} = \sqrt{\frac{4g}{\pi a}} \tag{11}$$

반경 a는 흘수이므로, 반잠수된 원주의 원고유진동수는 직사각형 주상체의 원고유진동수에 비해 $\sqrt{\frac{4}{\pi}} = 1.128$배의 크기를 가진다.

원고유진동수 ω_0를 사용하여 무차원진동수 Ω는 다음과 같이 정의한다.

$$\Omega = \frac{\omega}{\omega_0} \tag{12}$$

그림 12-3에 상하동요하는 2차원 원주에 대한 무차원 부가질량계수 $C_a = \dfrac{m_a}{m}$을 Ω의 함수로 보였다. C_a는 $\Omega = \Omega_m = 0.80$일 때, 국부 최소값 0.6을 가지며, $\Omega \to 0$일 때는 무한히 증가하고 $\Omega \to \infty$일 때는 1에 수렴함을 볼 수 있다.

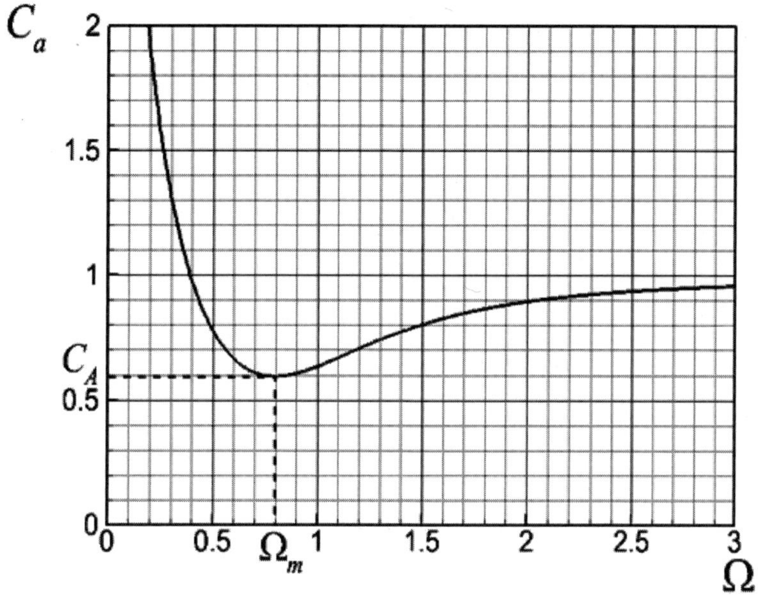

그림 12-3 상하동요하는 2차원 원주의 C_a[참고문헌 5]

그림 12-4에는 반잠수된 반경이 a인 2차원 원주가 상하동요할 때, 무차원 조파감쇠 계수 $C_\mu = \dfrac{\mu}{m\omega}$를 $\xi = ka$의 함수로 보였다. 여기서 분산관계식을 이용하고 식 (11)을 사용하면 다음을 얻으므로,

$$\xi = \omega^2 \frac{a}{g} = \frac{4}{\pi}\frac{\omega^2}{\omega_0^2} = \frac{4}{\pi}\Omega^2 \tag{13}$$

예를 들어 $\Omega = 0.8$은 $\xi = 0.815$에 상응하며, C_μ는 대략 0.5의 값을 가진다. 또한 $\xi \to 0$은 $\Omega \to 0$, $\xi \to \infty$는 $\Omega \to \infty$에 상응함에 유의한다. C_μ는 ξ의 단조 감소 함수로, $\xi \to 0$일 때는 $\dfrac{8}{\pi} = 2.5465$에 수렴하는 것을 보일 수 있으며, $\xi \to \infty$일 때는 0에 수렴한다.

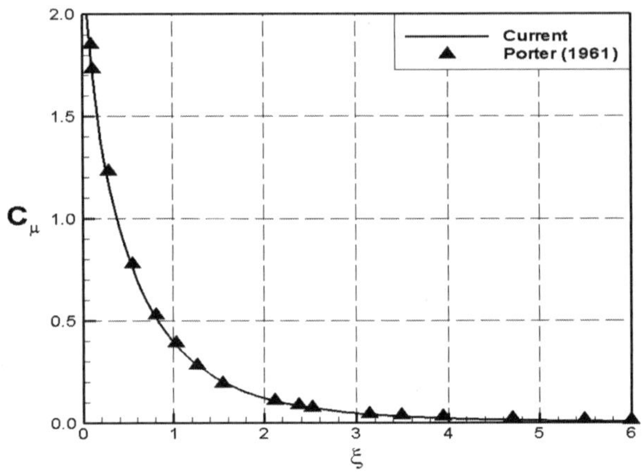

그림 12-4 상하동요하는 2차원 원주의 C_μ[참고문헌 5]

12.2 운동 방정식

그림 12-5에 직사각형 단면의 2차원 주상체가 양의 x방향으로 진행하는 입사파 중에서 상하동요만 하도록 되어있는 경우를 도시하였다. 직사각형 단면의 폭은 B, 흘수는 D이고, 입사파의 진폭은 A, 진동수는 ω이다.

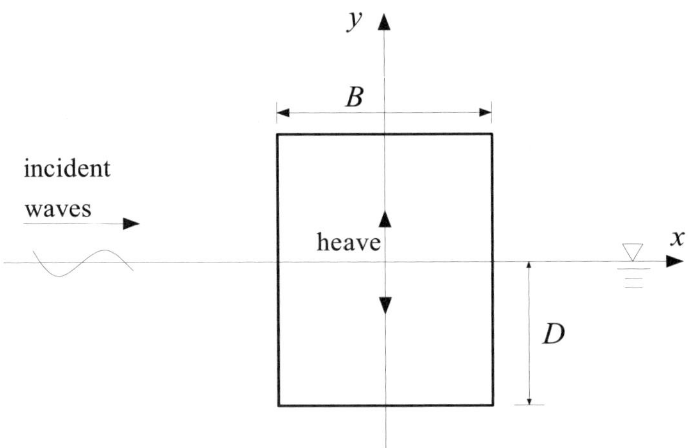

그림 12-5 직사각형 단면의 2차원 주상체의 상하동요와 좌표계

식 (4) 아래에서 언급한 바와 같이 원점에서의 입사파의 변위 η는 다음과 같다.

$$\eta = A\cos\omega t \tag{14}$$

한편 주상체에 대한 운동 방정식을 유도하기 위해서는 앞 절에서 이미 설명한 바와 같이 주어진 문제를 회절 문제와 방사 문제의 합으로 보는 방법을 사용하기로 한다. 회절 문제의 해로부터 입사파에 의한 입사력 F_i는 식 (4), 산란파에 의한 산란력 F_s는 식 (5), 방사 문제의 해로부터 부력에 기인하는 복원력 F_b는 식 (7), 방사파에 의한 방사력 F_r은 식 (9)로 각각 얻었으므로, 상하동요의 변위 $y(t)$에 대한 운동 방정식은 다음과 같이 쓸 수 있다.

$$m\ddot{y} = F_i + F_s + F_b + F_r \tag{15}$$

앞 절의 결과를 사용하면, 입사파에 기인하는 입사력 F_i는 식 (4)에 의해 다음과 같고,

$$F_i = G_0\eta, \quad G_0 = \frac{2\rho g}{k}\sin kb\, e^{-kD} = \frac{2\rho g^2}{\omega^2}\sin kb\, e^{-kD} \tag{16}$$

역시 앞 절의 결과를 사용하면, 부력에 기인하는 복원력 F_b는 식 (7)에 의해 다음과 같으므로,

$$F_b = -cy, \quad c = \rho g B \tag{17}$$

이상의 결과와 식 (5), 식 (9)를 식 (15)에 대입하여 다음을 얻는다.

$$(m + m_a)\ddot{y} + \mu\dot{y} + cy = G_2\ddot{\eta} + G_1\dot{\eta} + G_0\eta \tag{18}$$

여기서 F_0와 ϵ_0을 각각 다음과 같이 정의하여 우변의 기진력을 나타내기로 하면,

$$F_0 = A\sqrt{(G_0 - \omega^2 G_2)^2 + \omega^2 G_1^2} \tag{19}$$

$$\epsilon_0 = \tan^{-1}\frac{\omega G_1}{G_0 - \omega^2 G_2} \tag{20}$$

ϵ_0는 식 (14)로 주어지는 원점에서의 수면파의 변위와 그 수면파에 기인하는 기진력 사이의 위상차이다. 식 (19), (20)을 이용하면 식 (18)은 다음과 같이 쓸 수 있으며,

$$(m + m_a)\ddot{y} + \mu\dot{y} + cy = F_0 \cos(\omega t + \epsilon_0) \tag{21}$$

이 식은 스프링-질량-감쇠기 계에 외력이 작용하는 물체에 대한 운동 방정식과 외관상으로는 같은 형태이다.

식 (18)을 보면 회절 문제의 해로부터 얻었던 입사력과 산란력은 우변에 나타나고 있어 상하동요에 대한 기진력(excitation force)의 역할을 하고 있으며, 방사 문제의 해로부터 얻었던 복원력과 방사력은 좌변에서 각각 스프링 상수와 부가질량, 조파감쇠의 역할을 하고 있어 계의 운동 특성을 결정하고 있다.

단 식 (21)의 m_a는 진동수의 함수이므로 고유진동수 ω_n을 다음과 같이 정의한다고 하더라도,

$$\omega_n = \sqrt{\frac{c}{m + m_a}} \tag{22}$$

어떤 ω의 값에 대한 m_a를 사용하여 고유진동수를 계산해야 할 지 알 수 없으므로, 결국 위 식은 다음과 같은 식으로 이해되어야 함을 알 수 있다.

$$\omega_n = \sqrt{\frac{c}{m + m_a(\omega_n)}} \tag{23}$$

다시 말하면, 반복법 등에 의해 식 (23)을 만족하는 ω_n을 구해야 한다.

식 (21)을 간단히 하는데 고유진동수를 사용하면 SMD계의 경우와 같은 문제를 얻지만, 고유진동수를 구하기 위해서는 방사 문제를 풀어야 한다는 난점이 있으므로, 식 (21)의 양변을 물체의 질량으로 우선 나누어 주기로 하면, 식 (22)는 다음과 같이 바꾸어 쓸 수 있으며,

$$\omega_n = \omega_0 \sqrt{\frac{1}{1 + C_a(\omega_n)}} \tag{24}$$

여기서 $C_a(\omega)$는 무차원 부가질량계수이다. 식 (24)로부터 다음 결과를 얻는다.

$$\Omega_n = \sqrt{\frac{1}{1 + C_a(\Omega_n)}} \tag{25}$$

[참고문헌 5]에서는 그림 12-3과 관련된 자료를 이용하여 반잠수된 2차원 원주에 대해 상하동요의 고유진동수 $\Omega_n = 0.79$를 얻었으며, 이는 부가질량계수가 국부 최소값을 가지는 $\Omega_m = 0.80$과 매우 가까운 값임을 지적해 둔다.

식 (23), (25)로부터 상하동요하는 물체의 고유진동수를 얻기 위해서는 부가질량을 미리 구해야 함을 알 수 있으며, 일반적으로 조파감쇠는 그렇게 크지 않으므로, 식 (8-37)로부터 알 수 있는 바와 같이 운동 응답이 최대가 되는 공진 진동수는 위에서 부가질량만을 고려하여 얻은 고유진동수와 크게 차이가 나지 않으나, 선수 또는 선미의 형상에 대해서는 약간의 차이가 있음에 유의한다.

운동 방정식인 식 (21)의 양변을 물체의 질량 m으로 나누어 다음을 얻는다.

$$(1 + C_a)\ddot{y} + C_\mu \omega \dot{y} + \omega_0^2 y = f_0 \cos(\omega t + \epsilon_0) \tag{26}$$

여기서 f_0는 다음과 같이 정의되며

$$f_0 = \frac{F_0}{m} \tag{27}$$

단위 질량 당 기진력의 진폭을 나타낸다.

식 (26)을 SMD계에 대한 운동 방정식 식 (8-20)과 비교하면 좌변의 관성을 나타내는 항과 우변의 기진력의 위상차를 제외하면 외관상 큰 차이는 없음을 알 수 있다. 식 (26)의 특수해, 즉 정상해를 다음과 같이 가정한다.

$$y_p(t) = Re\, Y e^{i(\omega t + \epsilon_0)} \tag{28}$$

여기서 Y는 상하동요의 진폭과 기진력과의 위상차에 대한 정보를 포함하고 있는 복소수이다.

식 (28)을 식 (26)에 대입하고 정리하면 다음을 얻는데

$$Y = \frac{f_0}{-(1+C_a)\omega^2 + iC_\mu \omega^2 + \omega_0^2} \tag{29}$$

이로부터 결국 다음 결과를 얻는다.

$$Y = \frac{f_0 e^{-i\epsilon_1}}{\sqrt{\left\{\omega_0^2 - (1+C_a)\omega^2\right\}^2 + \left(C_\mu \omega^2\right)^2}}$$

$$= \frac{f_0 e^{-i\epsilon_1}}{\omega_0^2} \frac{1}{\sqrt{\left\{1-(1+C_a)\Omega^2\right\}^2 + \left(C_\mu \Omega^2\right)^2}} = \frac{f_0 e^{-i\epsilon_1}}{\omega_0^2} \frac{1}{R} \tag{30}$$

여기서 $R(\Omega)$은 제곱근 부분으로 무차원량이며, 물체의 상하동요에 대한 운동 특성을 포함하고 있는 양이다. 또 ϵ_1은 다음과 같이 주어지는 운동의 변위와 기진력과의 위상 차이다.

$$\epsilon_1 = \tan^{-1}\frac{C_\mu \Omega^2}{1-(1+C_a)\Omega^2} \tag{31}$$

식 (10)으로부터 $g = D\omega_0^2$을 얻는데, 이를 식 (16)의 둘째 식에 대입하면 다음을 얻고,

$$G_0 = 2\rho D^2 \omega_0^4 \omega^{-2} \sin kb\, e^{-kD} = 2\rho D^2 \omega_0^4 \omega^{-2} \gamma_0 \tag{32}$$

G_1과 G_2를 각각 다음과 같이 무차원화하면,

$$\gamma_2 = \frac{G_2}{\rho D^2},\ \gamma_1 = \frac{G_1}{\rho D^2 \omega} \tag{33}$$

식 (19)는 다음과 같이 다시 쓸 수 있으므로,

$$F_0 = \rho D^2 A \sqrt{(2\omega_0^4 \omega^{-2}\gamma_0 - \omega^2\gamma_2)^2 + \left(\omega^2\gamma_1\right)^2} \tag{34}$$

이를 식 (27)에 대입하고, $\omega_0^2 = \dfrac{g}{D}$를 이용하여 다음을 얻는다.

$$f_0 = \frac{F_0}{m} = \frac{AD}{B}\sqrt{(2\omega_0^4 \omega^{-2}\gamma_0 - \omega^2\gamma_2)^2 + \left(\omega^2\gamma_1\right)^2}$$

$$= \frac{gA}{B}\sqrt{(2\gamma_0\Omega^{-2} - \gamma_2\Omega^2)^2 + \left(\gamma_1\Omega^2\right)^2} = \frac{gA}{B}\Gamma \tag{35}$$

여기서 $\Gamma(\Omega)$는 제곱근 부분으로 무차원량이며, 이 식과 식 (19)를 이용하고 또 $\omega_0^2 = \dfrac{g}{D}$를 대입하면 다음을 얻으므로,

$$\frac{f_0}{\omega_0^2} = \frac{F_0}{c} = \delta = \frac{A}{c}\sqrt{(G_0 - \omega^2 G_2)^2 + \omega^2 G_1^2} = \frac{AD}{B}\Gamma \tag{36}$$

식 (30)은 다음과 같이 다시 쓸 수 있다.

$$Y = \frac{\delta e^{-i\epsilon_1}}{R} = \frac{AD}{B}\frac{\Gamma e^{-i\epsilon_1}}{R} \tag{37}$$

여기서 δ는 정적인 힘 F_0가 스프링 상수 c인 스프링에 가해졌을 때의 정적 변위임에 유의한다.

그러므로 상하동요의 정상해에 대한 진폭 $y_0 = |Y|$를 다음과 같이 얻으며,

$$y_0 = \frac{\delta}{R} = A\frac{D}{B}\frac{\Gamma}{R} \tag{38}$$

이 식에 식 (30), (35)를 대입하여 입사파의 진폭으로 무차원화한 상하동요의 진폭 Y_0를 다음과 같이 얻는다.

$$Y_0 = \frac{y_0}{A} = \frac{D}{B}\frac{\sqrt{(2\gamma_0\Omega^{-2} - \gamma_2\Omega^2)^2 + \left(\gamma_1\Omega^2\right)^2}}{\sqrt{\left\{1-(1+C_a)\Omega^2\right\}^2 + (C_\mu\Omega^2)^2}} \tag{39}$$

이 식에 따르면 2차원 주상체의 경우, 상하동요의 정상해의 진폭은 흘수에 비례하고, 폭에 반비례한다.

식 (39)에 따르면 $\Omega = \Omega_n$, 즉 입사파의 진동수가 물체의 고유진동수와 같을 때, 정상해의 진폭은 다음과 같다.

$$Y_0(\Omega_n) = \frac{D}{B}\frac{\Gamma(\Omega_n)}{C_\mu \Omega_n^2} \tag{40}$$

따라서 이 경우에도 $\Omega = \Omega_n$ 일 때, 정상해의 진폭은 조파감쇠계수 C_μ에 반비례함을 알 수 있다.

연습문제

12-1. 부가질량이 진동수의 함수인 것과 관련하여 상하동요의 고유진동수를 어떻게 정의할 것인지에 대해 논의하시오.

12-2. 입사파의 파장이 2차원 주상체의 폭보다 훨씬 크다고 할 때, 운동 방정식이 어떻게 변화하고, 또 변화된 방정식의 해는 물리적으로 타당한지 검토하시오.

12-3. 상하동요와 종동요의 연성 방정식에 대해 논하고, 해를 구할 때 유의해야 할 점에 대해 생각해 보시오.

Chapter 13

2차원 주상체의 강제 횡동요

앞 장에서는 파도 중에서 2차원 물체가 병진운동인 상하동요만을 하도록 되어 있는 경우에 대해 생각하였다. 이 장에서는 파도 중에서 2차원 물체가 회전운동인 횡동요만을 하도록 되어 있는 경우를 생각하여 3차원 선박의 횡동요, 종동요 및 선수동요 등의 회전운동과 관련된 사항들에 대해 예비지식을 가질 수 있도록 준비한다.

물체의 회전운동은 불평형 모멘트의 작용에 의해 발생하며, 2차원 주상체의 경우에도, 표면에 작용하는 압력에 기인하는 모멘트에 의해 횡동요에 대한 기진모멘트가 주어진다. 파도 중에서 횡동요 하는 물체의 경우, 앞에서 상하동요에 대해서 생각했던 것과 마찬가지로, 회절 문제와 방사 문제로 나누어 생각하는데, 각각의 경우에 대해 구한 해로부터 물체 표면에 작용하는 압력을 구할 수 있다.

13.1 회절 문제와 방사 문제

회전 운동을 고려하기 위해서는 공간에 고정된 공간고정 좌표계 xy와 물체에 고정된 물체고정 좌표계 XY를 생각하는 것이 편리하다. 특히 공간고정 좌표계는 입사파의 고려에도 필요하고, 물체고정 좌표계는 질량중심(center of mass) G에 원점을 둔 그리고 주축(principal axis) 방향으로 축의 방향을 가진 좌표계를 잡는 것이 편리하다.

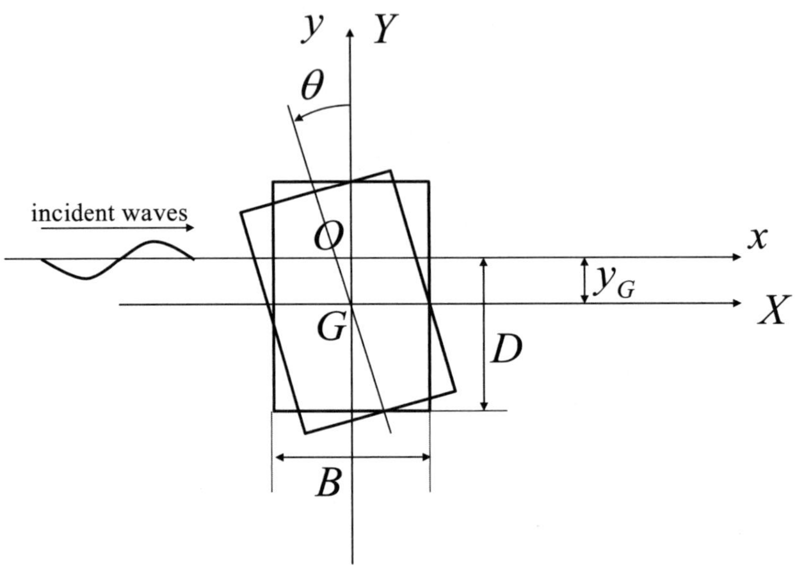

그림 13-1 직사각형 단면의 2차원 주상체와 좌표계

질량중심은 물체의 대칭평면 상에 있다고 가정하면, 공간고정 좌표계의 원점은 물체가 정적 평형 상태에 있을 때, 대칭평면과 수평면의 교점 O에 잡는다. 그림 13-1에 직사각형 단면의 2차원 주상체가 양의 x방향으로 전파하는 입사파 중에 고정되어 있는 경우에 대해 좌표계와 함께 도시하였다. 공간고정 좌표로 나타낸 주상체의 질량중심인 점 G의 좌표는 $(0,\ -y_G)$라고 하면, 공간고정 좌표계로 나타낸 위치 벡터 $\underline{x}$와 물체고정 좌표계로 나타낸 위치 벡터 $\underline{X}$ 사이에는 다음 관계가 성립한다.

$$\underline{x} = -y_G\hat{j} + \underline{X} + \theta(-Y, X) \tag{1}$$

직사각형 단면의 폭은 B, 흘수는 D이고, 입사파의 진폭은 A, 진동수는 ω라고 하면, $x=0$인 곳에서 입사파의 기울기 $\psi(t) = \left.\dfrac{\partial \eta}{\partial x}\right|_{x=0}$는 다음과 같다.

$$\psi = kA\sin\omega t \tag{2}$$

점 G에 대한 입사파에 기인하는 입사모멘트(incident moment) M_i는 앞 장의 식 (12-1)을 이용하여 다음과 같은 적분으로부터 얻게 된다.

$$M_i =-\rho g A Re\left[e^{-i\omega t}\int_{S_B} e^{ikx+ky}(\underline{x}+y_G\ \hat{j})\times\hat{n}dS\right]\cdot\hat{k} \tag{3}$$

여기서 S_B는 정적 평형 상태에 있는 물체의 표면을 뜻한다.

위 식의 적분을 수행하기 위해 피적분 함수의 벡터 3중곱을 수행하면 다음을 얻으며

$$\left(\underline{x}+y_G\ \hat{j}\right)\times\hat{n}\cdot\hat{k} = xn_2-(y+y_G)n_1 \tag{4}$$

$b=\dfrac{B}{2}$라고 하면, S_B에 대한 적분은 다음과 같이 나누어 쓸 수 있다.

$$\int_{S_B}\cdot\, dS = \int_{-D}^{0}\cdot\,|_{x=-b}dy+\int_{-D}^{0}\cdot\,|_{x=b}dy+\int_{-b}^{b}\cdot\,|_{y=-D}dy \tag{5}$$

우변의 첫째 적분 I_1에 대해서 $\hat{n}=(-1,0,0)$이므로 부분적분에 의해 다음을 얻고

$$I_1 = e^{-ikb}\int_{-D}^{0}(y+y_G)e^{ky}dy = \frac{e^{-ikb}}{k^2}\left\{kDe^{-kD}+(1-e^{-kD})(ky_G-1)\right\} = \frac{J}{k^2}\,e^{-ikb} \tag{6}$$

우변의 둘째 적분 I_2에 대해서 $\hat{n}=(1,0,0)$이므로 다음을 얻으며

$$I_2 = -e^{ikb}\int_{-D}^{0}(y+y_G)e^{ky}dy = -\frac{J}{k^2}\,e^{ikb} \tag{7}$$

우변의 셋째 적분 I_3에 대해 $\hat{n} = (0,\ -1, 0)$이므로 부분적분에 의해 다음을 얻는다.

$$I_3 = -e^{-kD}\int_{-b}^{b} xe^{ikx}dx = \frac{2i}{k^2}e^{-kD}(kb\cos kb - \sin kb) \tag{8}$$

위의 결과 식 (6), (7)로부터 다음을 얻으며,

$$I_1 + I_2 = \frac{J}{k^2}(e^{-ikb} - e^{ikb}) = -\frac{2i}{k^2}J\sin kb \tag{9}$$

결국 다음을 얻는다.

$$\int_{S_B} \cdot\, dS = I_1 + I_2 + I_3 = -\frac{2i}{k^2}\{(J + e^{-kD})\sin kb - kbe^{-kD}\cos kb\} \tag{10}$$

이 결과를 식 (3)에 대입하고 정리하여 다음 결과를 얻는다.

$$M_i = \frac{2\rho gA}{k^2}(J_1\sin kb - J_2\cos kb)\sin\omega t = \frac{2\rho gA}{k^2}h_0\sin\omega t \tag{11}$$

$$J_1 = (kD - ky_G + 2)e^{-kD} + (ky_G - 1),\ J_2 = kbe^{-kD} \tag{12}$$

$$h_0 = J_1\sin kb - J_2\cos kb \tag{13}$$

횡동요에 대한 입사모멘트는 상하동요에 대한 입사력과는 달리 $B = n\lambda$인 경우, 영이 되지 않는다. M_i는 $\sin\omega t$의 위상을 가지며, $\sin\omega t$는 원점에서 입사파의 기울기와 같은 위상을 가짐에 유의한다.

한편 산란파에 기인하는 수동압에 의해 생성되는 질량중심에 대한 산란모멘트 M_s 는 다음 적분으로부터 얻어진다.

$$M_s = \rho \left[\int_{S_B} \frac{\partial \phi_s}{\partial t} (\underline{x} + y_G \, \hat{j}) \times \hat{n} dS \right] \cdot \hat{k} \tag{14}$$

이 산란모멘트(scattering moment) 역시 산란력과 마찬가지로 $\cos \omega t$ 와 $\sin \omega t$ 의 성분으로 분리하는데, 단 원점에서의 수표면의 변위보다는 수표면의 기울기를 사용하여 다음과 같이 나타낸다.

$$M_s = H_2 \ddot{\psi} + H_1 \dot{\psi} \tag{15}$$

한편 횡동요에 의해 변화된 물체의 위치에서 수정압에 기인하여 발생하는 질량중심에 대한 모멘트를 적분을 사용하여 구하면 평형 위치에서는 받지 않던 모멘트를 받게 되는데, 이 모멘트가 바로 횡동요에 대한 복원모멘트(restoring moment) M_b 이며, 다음과 같이 주어진다(그림 13-2 참조).

$$M_b = \rho g \left[\int_{S_B} y (\underline{x} + y_G \, \hat{j}) \times \hat{n} dS \right] \cdot \hat{k} \tag{16}$$

단 여기서 S_B 는 횡동요의 각변위 $\theta(t)$ 만큼 경사한 주상체의 침수표면(wetted surface)을 가리킨다. 위의 적분은 $y = 0$ 인 선분에 대해서는 피적분 함수의 값이 영이므로, $y = 0$ 인 선분 S_0 에 대한 적분을 더하여도 적분값이 변치 않으며, 따라서 Stokes 정리에 의해 다음과 같이 바꾸어 쓸 수 있으며[참고문헌 3],

$$M_b = \rho g \left[\int_{S_B + S_0} y (\underline{x} + y_G \, \hat{j}) \times \hat{n} dS \right] \cdot \hat{k} = \rho g \left[\int_V \nabla \times \left\{ y (\underline{x} + y_G \, \hat{j}) \right\} dV \right] \cdot \hat{k} \tag{17}$$

이를 정리하여 다음 결과를 얻는다.

$$M_b = \rho g \left[\int_V x\hat{k} dV \right] \cdot \hat{k} = \rho g \int_V x dV \tag{18}$$

여기서 V는 수면 아래 잠긴 주상체의 체적이며, $Y = y_G$인 선분을 Σ_0라고 하면, 위의 적분은 평형 상태의 체적인 V_0와 두 체적의 차이인 $\Delta V = Y_0 d\Sigma_0 = -\theta X d\Sigma_0$에 대한 적분으로 바꾸어 쓸 수 있고(그림 13-2 참조), 또 식 (1)로부터 $x = X - \theta Y$를 얻으므로, θ^2에 비례하는 비선형항은 무시하여, 다음 결과를 얻는다.

$$\begin{aligned} M_b &= \rho g \left\{ \int_{V_0} (X - \theta Y) dV - \int_{\Sigma_0} X^2 \theta d\Sigma \right\} \\ &= \rho g \left(X_B V - \theta Y_B V - \theta S_{11} \right) = -\rho g V \left(Y_B + \frac{S_{11}}{V} \right) \theta \end{aligned} \tag{19}$$

여기서 $(X_B, Y_B) = (0, Y_B)$는 평형 상태에서의 부심(center of buoyancy)의 위치이며, V는 주상체의 체적이고, S_{11}은 수선면의 Y축, 즉 대칭 평면에 대한 2차 모멘트이다.

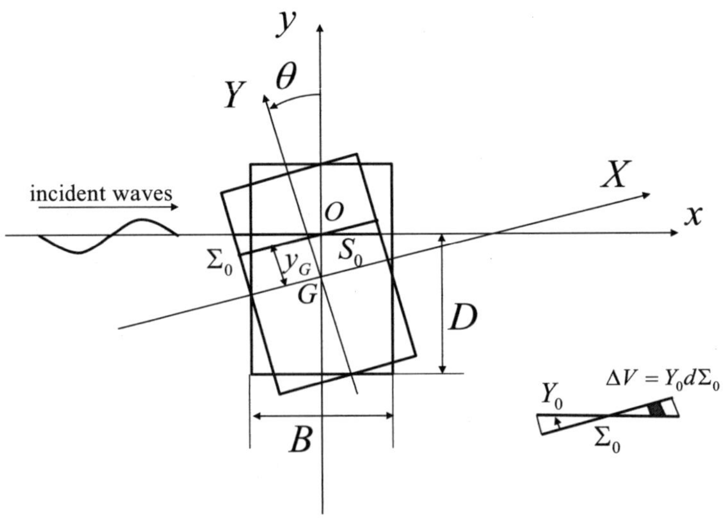

그림 13-2 2차원 주상체의 횡동요와 복원모멘트

식 (19)에서 일반적으로 $Y_B < 0$이며 또 $\dfrac{S_{11}}{V} = \overline{BM}$으로 부심으로부터 메타센터(metacenter)까지의 거리이므로 결국 다음을 얻는다.

$$M_b = -C\theta, \quad C = \rho g V \overline{GM} \tag{20}$$

복원모멘트에 대해서는 선박의 정적(static) 및 동적안정성(dynamic stability)과 관련하여 많이 다루어지며, 보다 자세한 사항은 안정성(stability) 또는 복원성[1]에 관한 교재를 참조하기 바란다.

방사 문제의 해에 기인하는 수동압은 선형화된 Bernoulli 방정식인 식 (3-40)을 사용하여 구할 수 있으며, 이 압력을 2차원 주상체의 정적 평형 위치에 대해 적분하여 다음과 같이 방사모멘트(radiation moment) M_r을 얻을 수 있다.

$$M_r = \rho \left[\int_{S_B} \frac{\partial \phi_r}{\partial t} (\underline{x} + y_G \hat{j}) \times \hat{n}\, dS \right] \cdot \hat{k} \tag{21}$$

횡동요에 대한 방사모멘트 역시 상하동요에 대한 방사력과 마찬가지로 부가관성모멘트와 조파감쇠모멘트로 성분 분해를 할 수 있으며, 다음과 같이 쓸 수 있다.

$$M_r = -I_a \ddot{\theta} - \beta \dot{\theta} \tag{22}$$

방사력에 대해서 논의했던 바와 같이, 식 (22) 우변의 첫째 항은 횡동요의 가속도와 같은 위상을 가지는 질량관성모멘트이므로, I_a는 부가질량관성모멘트로 볼 수 있으며, 횡동요의 속도와 같은 위상을 가지는 둘째 항은 이 역시 에너지 손실을 의미하므로 β는 조파감쇠모멘트계수로 볼 수 있다.

---

1) 경사시험(inclining test)과 관련하여 많이 다루어지며, 선박계산법에서도 다루고 있다.

13.2 운동 방정식

그림 13-2에 직사각형 단면의 2차원 주상체가 양의 x방향으로 전파하는 입사파 중에서 횡동요만 하도록 되어있는 경우에 대해 좌표계와 함께 도시하였다. 2차원 주상체의 회전에 대한 운동 방정식을 유도하기 위해서 앞에서 이미 설명한 바와 같이 주어진 문제를 회절 문제와 방사 문제의 합으로 보는 방법을 사용하기로 한다. 앞 절에서 보인 바와 같이 회절 문제로부터 입사파에 의한 입사모멘트 M_i는 식 (11), 산란파에 의한 산란모멘트 M_s는 식 (15), 방사 문제로부터 부력에 기인하는 복원모멘트 M_b는 식 (20), 방사파에 의한 방사모멘트 M_r은 식 (22)로 각각 주어진다.

따라서 횡동요의 각변위 $\theta(t)$에 대한 운동 방정식은 다음과 같이 쓸 수 있다.

$$I\ddot{\theta} = M_i + M_s + M_b + M_r \tag{23}$$

여기서 I는 주상체의 질량중심을 지나며 2차원 평면에 수직한 축에 대한 질량관성모멘트(mass moment of inertia)로 다음과 같이 주어진다.

$$I = \int_B (x^2 + y^2)\rho_B dxdy = mr_0^2 \tag{24}$$

위 식에서 ρ_B는 물체의 밀도, $m = \rho BD$이며, r_0는 관성반경(radius of gyration)이다.

앞 절의 결과를 사용하고, 점성항력에 기인하는 모멘트는 이 절에서는 무시하고 다음 절에서 다루기로 하면, 식 (23)으로부터 다음을 얻는다.

$$(I + I_a)\ddot{\theta} + \beta\dot{\theta} + C\theta = H_2\ddot{\psi} + H_1\dot{\psi} + H_0\psi \tag{25}$$

여기서 기진모멘트의 진폭 M_0와 위상차 τ_0는 각각 다음과 같이 정의하기로 하면,

$$M_0 = kA\sqrt{(H_0 - \omega^2 H_2)^2 + \omega^2 H_1^2} \tag{26}$$

$$\tau_0 = \tan^{-1}\frac{\omega H_1}{H_0 - \omega^2 H_2} \tag{27}$$

식 (25)는 결국 다음과 같이 쓸 수 있는데,

$$(I + I_a)\ddot{\theta} + \beta\dot{\theta} + C\theta = M_0 \sin(\omega t + \tau_0) \tag{28}$$

이 식은 상하동요에 대해 얻었던 운동 방정식인 식 (12-21)과 동일한 형태이다.

식 (25)를 보면 회절 문제의 해로부터 얻었던 입사모멘트와 산란모멘트는 우변에 나타나고 있어 횡동요에 대한 기진모멘트의 역할을 하고 있으며, 방사 문제의 해로부터 얻었던 복원모멘트와 방사모멘트는 좌변에서 각각 스프링 상수와 부가관성모멘트, 조파감쇠모멘트의 역할을 하고 있어 계의 운동 특성을 결정하고 있다.

횡동요의 원고유진동수 ω_0를 다음과 같이 정의하고, 식 (20)과 식 (24) 및 $m = \rho V$를 사용하면 다음을 얻는다.

$$\omega_0 = \sqrt{\frac{C}{I}} = \sqrt{\frac{\rho g V\overline{GM}}{mr_0^2}} = \frac{\sqrt{g\overline{GM}}}{r_0} = \sqrt{\frac{g}{d}} \tag{29}$$

$$d = \frac{r_0^2}{\overline{GM}} \tag{30}$$

$\overline{GM}$은 정적복원력곡선(static stability curve)의 원점에서의 기울기이므로, 횡동요의 원고유진동수는 정적복원력곡선의 원점에서의 기울기의 제곱근에 비례하고, 물체의 횡동요에 대한 관성반경에 반비례하는 것을 알 수 있다.

부가관성모멘트를 I로 무차원화하면 다음을 얻고,

$$C_a(\omega) = \frac{I_a(\omega)}{I} \tag{31}$$

무차원 진동수 Ω를 앞 장에서와 같이 원고유진동수로 나누어 다음과 같이 정의한다.

$$\Omega = \frac{\omega}{\omega_0} \tag{32}$$

앞 장에서와 같이 고유진동수를 다음 식을 만족하는 진동수로 정의하면,

$$\omega_n = \sqrt{\frac{C}{I + I_a(\omega_n)}} = \omega_0 \sqrt{\frac{1}{1 + C_a(\omega_n)}} \tag{33}$$

무차원화된 식은 다음과 같다.

$$\Omega_n = \sqrt{\frac{1}{1 + C_a(\Omega_n)}} \tag{34}$$

식 (28)의 양변을 I로 나누어 다음을 얻으며,

$$(1 + C_a)\ddot{\theta} + C_\beta \omega \dot{\theta} + \omega_0^2 \theta = m_0 \sin(\omega t + \tau_0) \tag{35}$$

여기서 C_β와 m_0는 각각 다음과 같이 정의되는데

$$C_\beta = \frac{\beta}{I\omega},\ m_0 = \frac{M_0}{I} \tag{36}$$

C_β는 무차원 조파감쇠모멘트이고, m_0는 단위 관성모멘트 당 기진모멘트의 진폭을 나타낸다.

식 (35)는 앞 절의 식 (12-26)과 우변의 외력이 sin 함수의 형태를 가진다는 점을 제외하면 전적으로 동일한 식이므로, 그 해도 유사한 형태로 주어진다. 이하에서는 이 장의 완벽성을 위해 앞 장에서와 같은 과정을 다시 한 번 반복, 정리하기로 한다. 식 (35)의 정상해를 다음과 같이 가정한다.

$$\theta_p(t) = Im\Theta e^{i(\omega t + \tau_0)} \tag{37}$$

여기서 Θ는 횡동요의 진폭과 기진모멘트와의 위상차에 대한 정보를 포함하고 있는 복소수이며 Im는 허수부를 뜻한다.

식 (37)을 식 (35)에 대입하고 정리하면 다음을 얻는데

$$\Theta = \frac{m_0}{-(1+C_a)\omega^2 + iC_\beta\omega^2 + \omega_0^2} \tag{38}$$

이로부터 결국 다음을 얻는다.

$$\begin{aligned}\Theta &= \frac{m_0 e^{-i\tau_1}}{\sqrt{\{\omega_0^2 - (1+C_a)\omega^2\}^2 + (C_\beta\omega^2)^2}} \\ &= \frac{m_0 e^{-i\tau_1}}{\omega_0^2}\frac{1}{\sqrt{\{1-(1+C_a)\Omega^2\}^2 + (C_\beta\Omega^2)^2}} = \frac{m_0 e^{-i\tau_1}}{\omega_0^2}\frac{1}{R}\end{aligned} \tag{39}$$

여기서 $R(\Omega)$은 제곱근 부분으로 무차원량이며, 물체의 횡동요에 대한 운동 특성을 포함하고 있는 양이다. 또 τ_1은 다음과 같이 주어지는 운동의 변위와 기진모멘트 사이의 위상차이다.

$$\tau_1 = \tan^{-1}\frac{C_\beta\Omega^2}{1-(1+C_a)\Omega^2} \tag{40}$$

식 (35)의 정상해의 진폭 $\theta_0 = |\Theta|$는 다음과 같이 얻는다.

$$\theta_0 = \frac{M_0}{I\omega_0^2}\frac{1}{R} = \frac{M_0}{C}\frac{1}{R} \tag{41}$$

여기서 $\dfrac{M_0}{C}$는 정적인 모멘트 M_0가 비틀림 탄성계수 C인 봉에 가해졌을 때의 정적 각변위임에 유의한다.

식 (26)의 M_0를 무차원량으로 나타내기 위해 H_1, H_2를 다음과 같이 무차원화하여 나타내고,

$$H_1 = \rho d^4 \omega h_1, \quad H_2 = \rho d^4 h_2 \tag{42}$$

또 분산관계식과 식 (29)로부터 다음을 얻으므로,

$$kd = \frac{\omega^2}{g}\frac{g}{\omega_0^2} = \Omega^2 \tag{43}$$

식 (42), (43)을 식 (26)에 대입하여 다음을 얻는다.

$$M_0 = \rho d^4 kA\,\omega_0^2 \sqrt{(2\Omega^{-6}h_0 - \Omega^2 h_2)^2 + \left(\Omega^2 h_1\right)^2} = \rho d^4 kA\,\omega_0^2 \Gamma(\Omega) \tag{44}$$

여기서 $\Gamma(\Omega)$는 제곱근 부분으로 무차원량이며, 이 식과 식 (26)을 이용하고 식 (36)의 둘째 식을 사용하면 다음을 얻으며,

$$\frac{m_0}{\omega_0^2} = \frac{M_0}{C} = \frac{kA}{C}\sqrt{(H_0 - \omega^2 H_2)^2 + \omega^2 H_1^2} = kA\frac{d^4}{BDr_0^2}\Gamma \tag{45}$$

이 결과를 식 (41)에 대입하고 식 (30)을 이용하면, 입사파의 기울기 진폭 kA로 무차원화한 횡동요의 진폭 Θ_0를 다음과 같이 얻는다.

$$\Theta_0 = \frac{\theta_0}{kA} = \frac{d^4}{BDr_0^2}\frac{\Gamma}{R} = \frac{d^3}{BD\overline{GM}}\frac{\Gamma}{R} = \frac{r_0^6}{BD\overline{GM}^4}\frac{\Gamma}{R} = \alpha\frac{\Gamma}{R} \tag{46}$$

식 (46)에 따르면 횡동요의 정상해의 진폭은 입사파의 기울기에 비례하고, r_0^6과 $\overline{GM}^{-4}$에 비례한다. 화물의 적재나 승객 분포에 따라 r_0와 $\overline{GM}$은 항상 변할 수 있으며, 그에 따라 횡동요의 고유진동수 및 운동 진폭도 달라짐에 유의해야 한다.

정상해의 진폭은 $\Omega = \Omega_n$, 즉 입사파의 진동수가 물체의 고유진동수와 같을 때 다음과 같다.

$$\Theta_0(\Omega_n) = \alpha \frac{\Gamma(\Omega_n)}{C_\beta \Omega_n^2} \propto \frac{1}{C_\beta} \tag{47}$$

상하동요와 마찬가지로 공진 부근에서는 Θ_0가 무차원 감쇠계수에 반비례하므로, 빌지킬(bilge keel)이나 안정핀 등을 사용하여 공진 시 진폭의 과도한 증가를 막을 수 있음을 알 수 있다.

13.3 점성항력의 영향

지금까지는 점성항력(viscous drag)의 영향을 무시하고 문제를 풀어 보았으나, 점성항력을 상하동요 또는 횡동요에 대해 고려하는 방법도 여러 가지가 있다. 제일 간단하면서도 중요한 방법은 점성항력의 영향을 선형화하여 조파감쇠와 같이 다루는 방법이다. 이때는 한 주기 동안 유실되는 에너지가 같게 되도록 등가 선형계수를 결정해 주는 것이 보통이다. 한편 점성항력을 비선형항 그대로 다루는 경우도 있는데, 선형 이론에 따른 운동의 진폭이 대단히 큰 경우에는 실제 이와 같은 영향을 고려해야만 이론치와 실제 관측치가 비슷한 값을 줄 것이다.

이 절에서는 SM계가 추가적으로 점성항력을 받아 자유 동요를 하는 경우에 대해 고찰함으로써 점성항력이 물체의 운동에 미치는 영향에 대해 살펴보고자 한다. 이와 같은 계의 운동 방정식은 통상 다음과 같이 쓸 수 있는데,

$$m\ddot{x} + b\dot{x}|\dot{x}| + kx = 0 \tag{48}$$

이 식을 질량 m으로 나누어 주고 점성항력에 해당하는 항을 좌변으로 이항하면 다음 결과를 얻는다.

$$\ddot{x}+\omega_n^2 x = -\epsilon \dot{x}|\dot{x}| \tag{49}$$

여기서 ϵ은 다음과 같이 정의되며,

$$\epsilon = \frac{b}{m} \tag{50}$$

그 차원은 L^{-1}임에 유의한다.

감쇠기의 감쇠력이 작용할 때의 해를 참고하여 해의 형태를 다음과 같이 가정한다.

$$x = \alpha(\epsilon t)\cos\{\omega_n t+\beta(\epsilon t)\} \tag{51}$$

다시 말하면 진폭과 위상차는 매우 천천히 변화하는 함수로 가정하고 이들을 구하는 방법을 모색하는 것이다. 표기상의 편의를 위해 해의 위상을 다음과 같이 정의하고,

$$\phi = \omega_n t+\beta(\epsilon t) \tag{52}$$

또 속도는 다음과 같다고 가정한다.

$$\dot{x} = -\omega_n \alpha \sin\phi \tag{53}$$

식 (51)을 시간에 대해 한 번 미분하여 속도를 구한 것과 식 (53)을 비교하여 다음을 얻으며,

$$\dot{\alpha}\cos\phi - \alpha\dot{\beta}\sin\phi = 0 \tag{54}$$

식 (53)을 시간에 대해 한 번 더 미분하여 가속도를 얻으면 다음과 같다.

$$\ddot{x} = -\omega_n^2\alpha\cos\phi - \omega_n\dot{\alpha}\sin\phi - \omega_n\alpha\dot{\beta}\cos\phi \tag{55}$$

이제 식 (55), (53), (51)를 식 (49)에 대입하고 정리하면 다음을 얻으므로,

$$\dot{\alpha}\sin\phi + \alpha\dot{\beta}\cos\phi = -\epsilon\omega_n\alpha^2\sin\phi|\sin\phi| \tag{56}$$

식 (54)와 (55)를 미지 함수 $\dot{\alpha}$ 과 $\dot{\beta}$ 에 대한 2원 연립 방정식으로 보면 Cramer의 해법에 의해 다음과 같이 해를 얻는다[참고문헌 3].

$$\dot{\alpha} = -\epsilon\omega_n\alpha^2\sin^2\phi|\sin\phi| \tag{57}$$

$$\dot{\beta} = -\epsilon\omega_n\alpha\sin\phi\cos\phi|\sin\phi| \tag{58}$$

여기서 α 와 β 가 한 주기 동안 변화가 거의 없다고 가정하면, 식 (57), (58)을 한 주기에 걸쳐 적분하고 그 결과를 주기로 나누어 평균치를 구하여 다음을 얻는다.

$$\begin{aligned}\dot{\alpha} &= -\frac{\omega_n}{2\pi}\epsilon\omega_n\alpha^2\int_0^T\sin^2\phi|\sin\phi|dt = -\frac{\epsilon\omega_n\alpha^2}{2\pi}\int_0^{2\pi}\sin^2\phi|\sin\phi|d\phi \\ &= -\frac{\epsilon\omega_n\alpha^2}{2\pi}\frac{8}{3} = -\frac{4\epsilon\omega_n\alpha^2}{3\pi} = -c\alpha^2\end{aligned} \tag{59}$$

$$\dot{\beta} = -\frac{\omega_n}{2\pi}\epsilon\omega_n\alpha\int_0^T\sin\phi\cos\phi|\sin\phi|dt = -\frac{\epsilon\omega_n\alpha}{2\pi}\int_0^{2\pi}\sin\phi\cos\phi|\sin\phi|d\phi = 0 \tag{60}$$

여기서 식 (59)의 $c = \dfrac{4\epsilon\omega_n}{3\pi}$ 는 다음과 같이 주어지는 상수이고,

$$c = \frac{4\epsilon\omega_n}{3\pi} \tag{61}$$

관련된 적분 계산은 연습문제 13-2로 남겼으며, 먼저 식 (60)에 따르면 $\beta = \beta_0$을 얻으며, β_0는 상수이다.

한편, 식 (59)는 α에 대한 미분 방정식으로 다음과 같이 다시 쓸 수 있으며,

$$-\frac{d\alpha}{\alpha^2} = c\,dt \tag{62}$$

따라서 다음 해를 얻는다.

$$\frac{1}{\alpha} - \frac{1}{\alpha_0} = ct \tag{63}$$

이 식을 정리하고 식 (61)을 사용하여 결국 다음을 얻는다.

$$\frac{\alpha}{\alpha_0} = \frac{1}{1+\alpha_0 ct} = \frac{1}{1+\dfrac{4\alpha_0\epsilon}{3\pi}\omega_n t} \tag{63}$$

여기서 $\alpha_0\epsilon$과 $\omega_n t$는 무차원량이며, 이 식에 따르면 점성항력에 기인하여 운동의 진폭은 시간이 커짐에 따라 $\dfrac{1}{t}$에 비례하여 감소하는 것을 알 수 있다. 이러한 대수적 감소(algebraic decay)는 선형 감쇠의 경우 그 진폭이 지수적 감소(exponential decay)하는 것과는 좋은 대조를 보인다. 그림 13-3에 보인 바와 같이 대수적 감소는 지수 함수보다 천천히 감소하는 경향을 보인다.

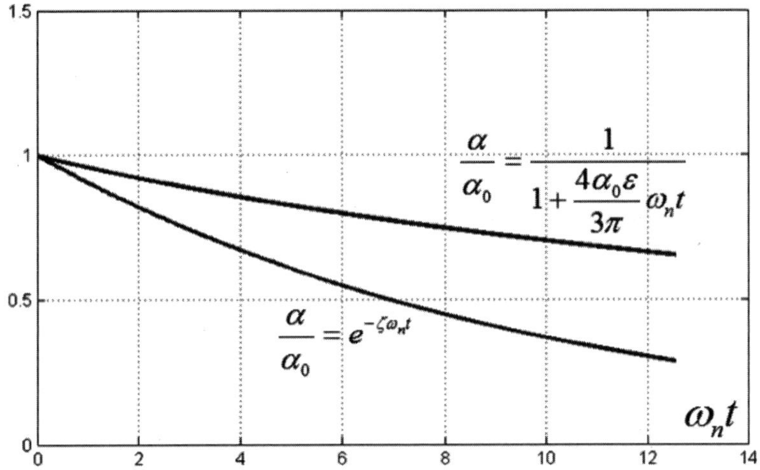

그림 13-3 진폭함수의 대수적 감소와 지수적 감소, $\alpha_0\epsilon = \zeta = 0.1$.

또한 선형 감쇠는 매우 미약하지만 기본 주기에 약간의 영향을 미치는데 반해, 점성 항력에 기인하는 2차 감쇠(quadratic damping)는 기본 주기에는 전혀 영향을 미치지 않는 점에 유의한다.

연습문제

13-1. 식 (11)로 주어진 M_i에 대해 $\omega \rightarrow 0$일 때 $M_i = O(k^3) = O(\omega^6)$임을 보이시오.

13-2. 식 (59)와 (60)에 나오는 다음 적분을 구하시오.

$$\int_0^{2\pi} \sin^2\phi |\sin\phi| d\phi = \frac{8}{3} \tag{E1}$$

$$\int_0^{2\pi} \sin\phi \cos\phi |\sin\phi| d\phi = 0 \tag{E2}$$

참고문헌

[1] 이승준, 역사로 배우는 동역학, 개정판, GS인터비전, 2011.

[2] 이승준, 역사로 배우는 유체역학, 개정판, GS인터비전, 2009.

[3] 이승준, 역사로 배우는 공학수학, GS인터비전, 2010.

[4] 선박유체역학연구회, 선박의 저항과 추진, 지성사, 2009.

[5] 이동엽, 이승준, 상하동요하는 2차원 원주의 고유진동수; 주파수 영역 해석, 대한조선학회 논문집, 50권 2호, 2013.

[6] J. J. Stoker, Nonlinear Vibrations, Interscience, 1950.

찾아보기

선박해양 유체역학

2014년 8월 20일 초판 인쇄
2014년 8월 25일 인쇄 발행

저　　자 이승준
발 행 인 송기수
발 행 처 **도서출판 GS인터비전**
편 집 처 **도서출판 GS인터비전**
인　　쇄 **토탈프로세스**
등록번호 제 313-2011-120 호
I S B N 979-11-5576-036-9(93550)

주　　소 서울 마포구 토정로222 B동 207호
전　　화 02-976-7898
팩　　스 02-6468-7898
홈페이지 gsintervision.co.kr
E-Mail gsinter7@gmail.com

정가 18,000원